清洁能源供热技术

彭月明　强万明　田树辉　编著

中国建材工业出版社

图书在版编目（CIP）数据

清洁能源供热技术 / 彭月明，强万明，田树辉编著
. -- 北京 ：中国建材工业出版社，2022.6（2024.7 重印）
ISBN 978-7-5160-3509-2

Ⅰ. ①清… Ⅱ. ①彭… ②强… ③田… Ⅲ. ①无污染能源—应用—供热—研究 Ⅳ. ①TU833

中国版本图书馆 CIP 数据核字（2022）第 095722 号

内 容 简 介

本书主要从以下方面展开研究：热泵采暖系统的工作原理、应用方案，模块化发热地板及功能装饰性墙面采暖系统的设计、施工和应用，太阳能＋电直热新型绿色双供暖系统的设计理念，相关建筑应用及技术经济指标分析，不同末端采暖形式对室内温度的影响，供热数据分析系统的架构以及系统提供的具体应用等。本书可供相关专业技术人员、科研人员等参考借鉴。

清洁能源供热技术
QINGJIE NENGYUAN GONGRE JISHU
彭月明　强万明　田树辉　编著

出版发行：中国建材工业出版社
地　　址：北京市西城区白纸坊东街 2 号院 6 号楼
邮　　编：100054
经　　销：全国各地新华书店
印　　刷：北京雁林吉兆印刷有限公司
开　　本：710mm×1000mm　1/16
印　　张：8
字　　数：150 千字
版　　次：2022 年 6 月第 1 版
印　　次：2024 年 7 月第 2 次
定　　价：**48.00** 元

本社网址：www.jccbs.com，微信公众号：zgjcgycbs

前　言

长期以来，冬季供暖是我国季节性能源需求波动的重要因素。它对能源供给和冬季大气质量与环境保护造成了较大的压力。历史上，城市冬季供暖主要来自热电联产、工厂余热和供热锅炉，而部分城市建成区和农村广大地区则使用热效率较低的小型燃煤锅炉，加剧了大气污染的严重程度。为应对冬季的环境污染问题，我国近年来出台了一系列政策和方针，大力推进清洁能源的发展和应用。推进冬季清洁供热工程，一头牵着百姓温暖过冬，一头连着蓝天白云，关系广大人民群众的生活，是重大的民生工程、民心工程。在此背景下，我国北方地区供暖也逐步开启了绿色发展之路，党中央、国务院高度重视推进北方地区冬季清洁取暖工作，提出“宜气则气，宜电则电”，加快解决燃煤污染问题，尽可能利用清洁能源，坚决打好蓝天保卫战。

清洁能源在供暖行业的应用主要有热泵供暖、电直热供暖、太阳能＋辅助热源供暖、蓄能电暖器供暖、电热膜供暖、电锅炉供暖和燃气壁挂炉供暖等供热方式。这几种方式现已得到人们的好评，更得到了政府的支持和推广。目前行业内被认可的清洁供暖模式大多以电为输入能源，如热泵供暖、电直热供暖、太阳能＋辅助热源供暖、蓄能电暖器供暖等。

本书以电清洁能源为主，从热泵供暖、电直热供暖、太阳能＋电直热供暖等方面展开深入系统的研究，从实际工程和试验理论的角度出发，针对实际问题进行了试验研究、理论计算，提出了切实可行的设计理念和施工工艺，并对其经济性进行了研究分析，从而使电清洁能源供暖技术更科学、更系统。

本书在编写过程中参考了相关的文献资料，在此向其作者表示感谢！

本书在编写过程中得到了众多领导和同事的帮助，其中：郝晓忠、孙逸飞、李子斌、韩海芸、王军华等人参与了本书模块化发热地板电热性能、电工性能试验方案的制定、试验的测试及分析工作；马晓帆、吴帅、任腾飞、阴磊、刘佳等人参与了不同装饰面模块化发热地板试验方案的制定、试验测试及相关测试结果的分析工作，并对模块化发热地板的施工工艺要求、采暖系统的检验和调试进行了系统的研究；任斌、徐朝伟、李杰、许国柱、任远光、王在磊、宋战伟等人对功能装饰墙面的保温原理，墙面的施工，墙面的热工指标、传热特性测试，功能装饰墙面的能耗分析、经济性分析进行了系统的研究；李文博、李飒、温俊芳、周冠雄、刘忠显、蒲磊超等人对新型绿色双供暖系统的设计理念、系统优势、施工工艺、建筑应用、太阳能得热及技术经济指标等进行了系统的研究和分析；文艳龙、李云峰、张超强、赵鹏扩、赵永生等人对不同末端采暖形式的试验方案、试验测试方法及结果进行了研究和分析；信改义、王孟浩、任洪国、刘强、莘亮等人参与了本书的梳理和校对；张建甫、李兴凯、魏兴敏等人参与了本书技术资料的集成和审核。

在此一并向各位表示感谢！

由于本书涉及的基础理论、试验内容较多，专业知识面较广，且作者水平和学科知识面有限，加上时间紧迫、工作量大，书中不当之处敬请读者批评指正。

编著者

2022 年 3 月

目　录

1 绪　论

清洁供暖是指利用天然气、电、地热、生物质能、风能、太阳能、工业余热、燃煤（超低排放）、核能等清洁化能源，通过高效用能系统实现低排放、低能耗的一种供暖方式。清洁能源分为可再生能源和非再生能源。

可再生能源：消耗后可得到恢复补充，不产生或极少产生污染物，如太阳能、风能、生物质能、水能、地热能、氢能等。我国目前是国际洁净能源的巨头，是世界上最大的太阳能、风能的发源地。

非再生能源：在生产及消费过程中尽可能减少对生态环境的污染，包括使用低污染的化石能源（如天然气等）和利用清洁能源技术处理过的化石能源，如洁净煤、洁净油等。

我国北方城市人口密度很大，热需求量高。在供暖季节，采暖所需燃料燃烧的排放物与其他污染源的排放叠加在一起，形成了区域性空气污染传播渠道，这使得北方城市的雾霾现象更加恶化。进入 21 世纪后，新能源与可再生能源快速发展，逐渐成为世界能源体系的新生力量和未来能源发展的战略方向。因此，寻求和开发清洁可再生能源和替代能源的尖端技术已成为全球关注的经济战略。

为应对日益严重的环境污染问题，近年来我国出台了众多政策和方针，大力推进清洁能源的发展和应用。煤炭燃烧是导致雾霾的主要原因之一，针对雾霾治理问题，国家相关部门于 2017 年 9 月发布通知，要求大力发展清洁能源供热，全面取消散煤供热。我国北方地区建筑供热面积总和超过 $2\times10^{10}\,m^2$，供热使用能源仍以燃煤为主，清洁能源供热比例较低，燃煤供热面积占总供热面积的 83%，清洁能源供热面积合计占 17%。我国每年用于供热的燃煤消耗量约为 $4\times10^8\,t$ 标准煤，其中，农村地区的散煤消耗量就占 50%，约为 $2\times10^8\,t$ 标准煤。从目前的形势来看，我国的大气污染问题依然严重，采用清洁能源取代燃煤供热任重而道远。

1.1　清洁能源供暖模式及发展现状

随着社会的不断发展，当前对清洁能源的定义为清洁、高效、系统地利用能源的技术体系，详细解释可分为三点：第一，清洁能源是能源利用技术，各种技术间可以互相结合；第二，清洁能源必须符合排放标准；第三，清洁能源在保证良好环境的前提下必须考虑经济条件。清洁能源在供暖行业的应用主要有以下几种方式：热泵供暖、电直热供暖、太阳能+辅助热源供暖、蓄能电暖器供暖、电热膜供暖、电锅炉供暖和燃气壁挂炉供暖。这几种方式现在已经得到人们的好评，更是得到了政府的支持和推广。

1.1.1 热泵供暖的发展现状

热泵作为一种由电力驱动的可再生能源设备，获取环境介质、余热中的低品位能量，提供可被利用的高品位热能，热泵每消耗1份能量，可以获得3倍甚至更多的热量，这在很大程度上提高了能源的利用效率，是一种高效节能的清洁能源产品。另外，采用热泵技术进行热回收，以及采用不同的技术对余热热源进行充分利用，可为国家有效节约大量能源资源。热泵不仅能同时兼顾夏季制冷和冬季供暖以及热水制取，还可以在工农业生产、国防建设等国民经济的诸多领域发挥作用，应用潜力巨大。

党的十九大报告中强调，要着力解决突出的环境问题，坚持全民共治、源头防治，持续实施大气污染防治行动，打赢蓝天保卫战。2016年12月，习近平总书记在主持召开中央财经领导小组第十四次会议，即研究“十三五”规划纲领重大工程项目进展和解决好人民群众普遍关心的突出问题工作会议中强调，推进北方地区冬季清洁取暖等6个问题，都是关系广大人民群众生活的大事，是重大的民生工程、民心工程。推进北方地区冬季清洁取暖，关系北方地区广大群众能否温暖过冬，关系雾霾天能不能减少，是能源生产和消费革命、农村生活方式革命的重要内容。要按照企业为主、政府推动、居民可承受的方针，宜气则气，宜电则电，尽可能利用清洁能源，加快提高清洁供暖比重。在推进北方地区冬季清洁取暖、打赢蓝天保卫战的征程中，热泵作为一种节能环保的解决方案，一定能够发挥应有的积极作用，为国家的环境保护和民生保障做出更多的贡献。

1. 热泵行业的相关标准

热泵行业的健康发展离不开标准的支持，目前我国已经建立了较为完善的产品标准体系，包括方法及安全标准、主机产品及部件标准、能效标准、设计及安装使用标准等。

在十年前，行业就专门制定了用热泵制取热水产品的标准，包括现行国家标准《家用和类似用途热泵热水器》（GB/T 23137）和《商业或工业用及类似用途的热泵热水机》（GB/T 21362）。在现有制冷空调行业的一些产品标准中，很多也包括了对热泵的要求和规定，例如房间空调器、单元式空调机、冷水机组等产品标准中都涉及热泵型产品的相关内容和规定；同时行业内还针对热泵产品应用的低环境温度等条件制定了很多专用标准，如现行国家标准《低环境温度空气源热泵(冷水)机组 第 1 部分：工业或商业用及类似用途的热泵(冷水)机组》(GB/T 25127.1)、《低环境温度空气源热泵(冷水)机组 第2 部分：户用及类似用途的热泵(冷水)机组》(GB/T 25127.2)等。

为了配合热泵相关产品国家标准的贯彻执行和落实，行业及社会团体也配套制定了多项专用标准，在实际工作中发挥了重要的作用。比如中国制冷空调工业协会在 2009 年就制定并发布了相关的协会标准《热泵热水系统设计、安装及使用规范》(CRAA 311)。

2. 热泵技术的推广行动

在国家和各个省市发布的促进热泵应用的政策和措施的激励下，热泵的应用和推广取得了良好的成效。根据环保部、发展改革委等部门于 2017 年 8 月 21 日发布的《京津冀及周边地区 2017—2018 年秋冬季大气污染综合治理攻坚行动方案》，京津冀及周边地区需要全面完成以电代煤、以气代煤任务；2017 年 10 月底前，“2+26”城市完成以电代煤、以气代煤 300 万户以上；北京市、天津市、廊坊市、保定市 2017 年 10 月底前完成“禁煤区”建设任务，散煤彻底“清零”。

据相关数据统计，北京市 2016 年有超过 15 万农户完成空气源热泵的供暖改造，2017 年有约 30 万农户完成空气源热泵的供暖改造；天津市，2016 年完成煤改空气源热泵约 3 万户，2017 年煤改空气源热泵约 10 万户；河北省，2016 年逐步开始煤改空气源热泵，2017 年煤改空气源热泵约 4.5 万户。

除京津冀地区以外，全国其他一些省市也围绕清洁能源替代工作展开了行动，如河南省在《河南省电能替代工作实施方案（2016—2020 年）》中提出，到 2020 年，累计推广热泵应用 1 亿 m^2；山东省在《关于加快推进电能替代工作的实施意见》里也提到，2016—2020 年力争新增热泵面积 5000 万 m^2 以上。

3. 热泵市场的发展现状

近年来，在国家清洁能源取暖政策的支持下，热泵产品尤其是空气源热泵迎来了爆发式增长时期。2017 年，空气源热泵全年销售额 185 亿元、销售量 182.4 万台，同比增长 58.9%，其中内销同比增长 64.3%、外销同比增长 12.8%。2018—2020 年，其年销售量稍有下降，2020 年全国销售量达 141.5 万台。截至 2019 年年底，空气源热泵的建筑应用面积已超过 5 亿 m^2。从区域分布来看，华北、西北等地区冬季采暖是其开发的重点区域，热泵热水产品在长江流域及长江以南地区推广增长较快。

1.1.2 太阳能供暖的发展现状

20 世纪 70 年代以来，鉴于常规能源供给的有限性和环保压力的加大，世界上很多国家开发利用太阳能和可再生能源的积极性日益高涨。自20世纪90年代以来，联合国召开了一系列高峰会议，讨论和制定世界太阳能战略规划、国际太阳能公约，设立国际太阳能基金等，推动全世界太阳能和可再生能源的开发利用。

在20世纪80年代中期，法国科学家就着手研究太阳能采暖、供热水系统，并将这种系统称为“太阳能组合系统”，同时推出一种“直接太阳能地板系统”。进入20世纪90年代，奥地利、丹麦、芬兰、德国、瑞典、瑞士、荷兰等国家相继设计出各种形式的太阳能组合系统。在1998年，国际能源署（IEA）太阳能加热和制冷项目（SHC）专门成立了“太阳能组合系统”任务组（Task26），组织多国专家和企业立项开展太阳能采暖系统的关键技术研究，交流太阳能采暖的经验和进行工程实例分享，并在太阳能采暖系统的关键技术研究方面获得了很大成就，促进了该技术的广泛推广应用。

从2000年开始，德国联邦教研部（BMBF）和联邦经济技术部（BMWI）实施了“太阳能区域供热”（Solar thermie-2000-Part3：Solar assisted district heating）政府项目，到2003年已经建成12个太阳能区域供热示范工程，其中包括8座季节蓄热小区热力站和4座短期蓄热小区热力站。1996年建成的德国汉堡Bramfeld区域供热工程，联排别墅总计124户，年热负荷1550MW·h，共安装了3000m^2太阳能集热器，年平均太阳能保证率为50%；采用4500m^3半地下混凝土储水箱季节蓄热，燃气锅炉辅助加热。

丹麦的大型太阳能供热厂大都是用于小型区域供热系统，集热器都是地面安装的。1987年丹麦建立了第一个太阳能供热厂，其地面安装的太阳能集热器为1000m^2，现在这个太阳能供热厂仍在为城市供热提供热能。丹麦Marstal Fjern-varme公司1996年建成了当时世界上最大的太阳能供热采暖系统，其太阳能集热器安装在大面积的空地上，集热器面积达18300m^2，并与社区热网连接，年热负荷达28GW·h，同时使用2100m^3水箱、4000m^3水容量砂砾层及10000m^3地下水池进行蓄热。自此，越来越多的太阳能供热厂相继建设，最近一个是Brad-strup公司太阳能供热厂，其占地面积约8000m^2，供热能力为4MW。

奥地利Graz体育中心建成的太阳能供热采暖工程，利用体育馆屋顶安装了1470m^2太阳能集热器，为体育中心所在社区供热采暖，太阳热能输入集中供热网，太阳能供热量占冬季总供暖量的10%，夏季可基本满足小区的热水需求。1997年，奥地利Eibiswald建成了太阳能与生物质能联合供热系统，集热器面积1246m^2，蓄水箱容积106m^3。在夏季7—8月份，用户的供热需求量少，占生物质能热力站供热能力的5%，此时靠生物质能热力站供热很不经济。而太阳能热水系统此时的供热能力最强，能满足90%以上的热水需求，因此关闭两座生物质能热力站，采用太阳能热水系统配备燃油锅炉的方式，来满足用热高峰和得热量不足时使用。据统计，每年太阳能集热器可供热 125MW·h，生物质能部分可供热 4040MW·h，燃油部分供热为 105MW·h。

20 世纪 80 年代，太阳能热水器作为一个新兴的新能源产业开始在我国出现。我国政府对新能源和可再生能源的开发利用在政策法规、研究开发、队伍建设等方面都给予了高度重视和大力支持。经过科学技术人员的努力，我国太阳能热水器产业不断壮大。2005 年，我国太阳能热水器年生产量为 1500 万 m^2，太阳能热水器的使用量为 6500 万 m^2，占世界使用量的 40%，为我国可持续发展战略做出了巨大贡献。

近年来，由于世界能源短缺问题日益严重，我国对可再生能源的开发利用给予了高度重视，尤其对太阳能的发展提出了明确要求。2006 年 1 月 1 日起，《中华人民共和国可再生能源法》正式颁布实施，其中第十七条提出：国家鼓励单位和个人安装和使用太阳能热水系统、太阳能供热采暖和制冷系统、太阳能光伏发电系统等太阳能利用系统。国务院建设行政主管部门会同国务院有关部门制定太阳能利用系统与建筑结合的技术经济政策和技术规范。国家《可再生能源中长期发展规划》（以下简称《规划》）要求，将太阳能热利用作为可再生能源发展的重点领域。《规划》提出，到 2020 年，太阳能热水器总集热器面积将达到 3 亿 m^2，替代约 5000 万 t 标准煤，总产值会超过 3000 亿元。

近几年建成的一些太阳能供热采暖工程，如北京清华阳光能源开发有限责任公司办公楼试点工程具有一定代表性。该工程在设计建设时就考虑预设长期监测系统热性能的仪表和相关设施，在建成后又连续进行了测试。该建筑的围护结构为非节能建筑，总采暖面积 640m^2；太阳能集热系统采用清华阳光 U 形管式真空管太阳能集热器，集热器面积 164m^2，太阳能集热器与采暖面积的配置比例大约为 1∶4，末端采用地板辐射采暖系统，供水温度不高于 45℃，辅助热源选用 300L 电锅炉。

目前，我国部分太阳能企业和研究机构开展了对主动式太阳能供热采暖系统的研究。2004 年，北京市平谷区的新农村新民居建设项目中，使用了主动式太阳能供热采暖技术，并分别在将军关、玻璃台、挂甲峪、南宅、太平庄等试点村进行了规模化应用示范，取得了很好的示范效果。平谷区的新农村太阳能供热采暖示范项目，不仅促进了我国太阳能供热采暖技术的提升，同时也带动了北京其他区及其他省份的示范推广，为我国太阳能供热采暖技术的推广起到了积极作用。

同时，北京太阳能研究所研究了利用太阳能和生物质能等可再生能源满足用户冬季采暖的可行性及其优点，提出最优太阳能保证率；沈阳建筑大学提出采用太阳能辅助电热水系统，通过低温热水地板辐射采暖系统向建筑供暖，可减少80%的能源消耗；山东建筑大学提出寒冷地区的村镇建筑适宜采用太阳能低温地板辐射采暖技术，并结合工程实例进行了测试验证。沈阳建筑大学研究寻求农村住宅的蓄能方法，研究了直接受益式、集热蓄热墙式、附加阳光间式、闷晒水袋屋顶蓄能方法、集热蓄热分离的坡屋顶太阳能热空气蓄能方法以及空心砌块填土蓄能的建筑构件蓄能一体化的方法等，并模拟了节能效果，提出了辽宁地区农村住宅建筑蓄能的适宜方法。

1.1.3 电直热供暖的发展现状

目前，我国城市供暖主要采用集中供暖的方式。集中供暖多以燃煤、燃油为供热原料，燃煤锅炉运行热效率在60%左右，比先进国家低15%～20%。同时集中供暖因管道铺设，容易造成水力失调及供热不均现象。此外，随着城镇化的不断发展，现有的供热能力远远不能满足实际需要。

在上述背景下，电供暖作为一种补充供暖方式，表现出极强的生命力。随着国家能源结构、产业结构的调整，可再生能源发电技术的发展，超高压输电技术的革新，电能作为覆盖范围最广的一种清洁能源形式将越来越受到重视。将电能作为供暖热源成为极具发展前景的供暖方式。然而，如何降低电供暖运行费用、降低电供暖对电网所造成的负荷压力，成为电供暖推广的技术关键。

碳纤维电热线采暖系统是一种采用新型发热材料进行采暖的系统。碳纤维电热发热材料有其特殊的发热机理，与其他靠电阻发热产品的工作原理完全不同，它是在高强度绝缘材料内部植入碳纤维作为发热元件通电发热，在电引发的激励条件下，热阻件通过晶格振动产生热效应，通过微观粒子在不规则的导体面上的“布朗运动”，微观粒子在热阻件内部做高速运动。由于大量电子不断进入激励，微观粒子不断撞击、摩擦，将电能转化为热能（此能量转换也可用载流子的平均运动速度的微观结构论证）。热量以远红外辐射的形式穿透介质（导热绝缘树脂或导热阻燃橡胶）释放热量。碳纤维电热线采暖系统具有面状发热，屏蔽紫外线，阻燃、防潮、耐腐蚀、抗氧化、无明火、无异味、无污染、长寿命等优点，电热转换率高达95%以上。

碳纤维采暖方式主要有碳纤维电热板、碳纤维壁画、碳纤维衣服等。碳纤维电热地板采暖系统就是碳纤维电热板直接铺设于地板表面的采暖系统，在这种系统的表面或者铺设木制地板、地毯等装饰品，或者不用装饰就能够应用于采暖。该系统运行时以碳纤维为发热材料，热量直接通过表面散出来，或者通过木地板、地毯达到地板表面，然后以整个地板表面为散热面，与室内环境通过辐射和对流两种传热方式来实现热交换，其中辐射换热占有相当比重，从而达到采暖的目的。与常规的以对流散热为主的散热器供暖相比，以碳纤维为发热体的地板辐射供暖系统具有室内温度分布均匀、舒适性好、干净卫生、节约能源和计量方便等独特优点，符合环保、能源的发展方向，是国际上公认的先进取暖方式，被誉为“绿色供暖革命”。

20 世纪 70 年代初，美国 Mornsanto 公司发表了第一个短纤维/橡胶复合材料（SFRC）专利。此后，纤维复合材料的研究越来越受到人们的关注。李崇俊等人研究了二维 C/C 复合材料的高温力学、热物理性能，研究表明二维 C/C 复合材料的热导率、线膨胀系数在 z 向和 x-y 向都具有明显的各向异性。陈洁等人研究了 C/C 复合材料的导热机理、影响 C/C 复合材料的导热性能因素以及高导热 C/C 复合材料的制备和改性等。

碳纤维复合材料由于具有静电防护、电磁屏蔽等性能，在飞机、航空电子系统及雷达等领域应用更多。王晓红等研究认为，由于碳纤维复合材料内含 40% 左右的树脂，导电能力比金属材料低得多，因纤维取向不同所致，各向异性在导电性能上表现为有方向性，因此其电磁特性与金属材料相差较大。碳纤维增强塑料（CFRP）对电磁波的透射性能与电磁反射、电磁屏蔽等电性能有着直接的关系。通过对 CFRP 铺层方式、层数及纤维取向与雷达波透射性能的关系的研究表明：随着铺层层数的增加，材料的透射系数降低；随着纤维与电场方向夹角 $|\theta|(0\leqslant|\theta|\leqslant90^\circ)$ 增大，材料的透射系数升高。陈耀庭等研究认为，碳纤维含量达一定程度时，对高屏电磁波的屏蔽效果较好，碳纤维铺层增加，其屏蔽效果即可提高。

碳纤维导电混凝土也是一种新型的复合导电材料，不仅可作为结构材料使用，还可以作为功能材料使用。侯作富、王小英等人做了关于碳纤维智能导电混凝土电热效应的研究，系统研究了这种混凝土的制备、性能及其应用。这种碳纤维发热材料可以应用在室内采暖，也可以应用于冬季道路融雪化冰。北京化工大学碳纤维及复合材料研究所研究了碳纤维导电复合材料。很多文献还研究了碳纤维的分散均匀性对复合材料电阻均匀性的影响问题。面状发热板的电阻在升温和降温过程中存在不同程度的偏离，呈现 PTC 或 NTC 效应，数次热循环后，可以使室温电阻保持恒定。电热板导电时，能量几乎以热的形式传播，不产生光能或其他机械能，是热转化效率极高的发热材料，而且具有远红外辐射特性，可用于医疗保健设备的制作。

碳纤维纸、碳纤维布、碳纤维带和碳纤维线已广泛用于工业和民用领域。作为电热元件，特别是在俄罗斯、乌克兰等国，应用很普遍，如工业装置的加热器、冬期施工现场的大面积加热保温、冬季汽车行驶的加热器（包括司机坐垫、靠背及水箱保温）、多种家用电器以及取暖保健用品等。这些电热器材属于低温型，使用温度不超过 200℃。碳纤维在 350℃左右开始氧化，氧化失重导致电阻率变化，电热性能不稳定，甚至带来危险。近年来，日本成功开发出高温型电热器材，把碳纤维或碳毡封闭在耐热石英管中，通电后温度可达到上千度。如日本大阪的特克公司，用黏胶碳纤维为元件，将其封闭在真空石英管中，通电后会辐射红外波，电热转换效率高，实现节电、节能。

碳纤维通电加热后热辐射红外波长在 5～15μm 之间，恰好是人体易吸收的波长范围，具有显著的生物效应。北京化工大学已研制出高温型碳纤维电热管，其特点是热导率大，升温快，散热迅速，使用寿命长，且有医疗保健功能。湖北襄樊堰飞科技实业有限公司成功研究纳米复合碳纤维红外灯管及浴霸，使用寿命长达 1 万小时，比传统制品节能 30%～50%。

碳纤维 P-120 的热导率 λ 比铜还高，显示出优异的电热性能。研制高导热碳基材料是当前的热点课题之一。日本松下公司研制成的碳基散热片，散热量是铜的 2 倍，质量仅为它的 1/2，年产量达到 8 万余片，主要用于仪器仪表、通信器材和集成电路（IC）等方面；中科院山西煤炭化学研究所正在研制高导热碳基材料，以满足市场需求。电子元件高度集成化、小型化和数字化是发展趋势。它们工作时产生热损耗的热量应及时散发，否则会降低其工作性能，严重时会产生误动作。对于印刷线路板（PWB）或电子模块存储器（SEM），需匹配高效散热片。例如，宇宙飞船有几百个电子箱，每个电子箱有 10～15 个标准电子模块存储器，每个 SEM 或 PWB 单元在工作时有 25～35W 的能耗；体系温度每上升 10℃，元件和线路的可靠性将会降低一半。因此，高效散热片就显得格外重要。当前，碳基散热片研究的方向之一——柔性高导热散热片，研究难度要比“硬”式散热片大得多。

绿色、节能、环保一直是我国发展的重点，而采暖业消耗的能源在所有能源消耗中占了不小的一部分。为了节约有限的不可再生资源，近年来我国出台了诸多的政策支持电采暖行业的发展（绿色、环保、可再生是电的主要特点）。首先 2002 年北京市出台了《北京市电采暖低谷用电优惠办法》，接着，上海、江苏、浙江、重庆等地也推出分时电价，全国各地纷纷效仿，紧紧跟进，分时电价在全国各地全面“开花”，由此也引发了采暖方式的变革。而在所有的采暖设备或者采暖方式中，碳纤维电采暖犹如夜空中最闪亮的明星，显得极为夺目，被众多的消费者认可和赏识，被誉为“传统采暖设备的最佳替代产品”。

1.2 供热行业信息化发展现状

从总体上看，我国供热企业信息化起步晚，与国外供热行业，国内工商企业、金融业、通信行业比差距大。其原因是供热企业属城市公用事业，受政府规划和定价等方面的影响较多，加之有自然垄断和地域性的特点，所以市场化程度低，竞争并不激烈。在思想观念和资金投入等方面比其他行业差，对信息技术的应用没有其他行业来得迫切。

冬季采暖是我国北方地区城镇居民的基本生活要求。我国城市集中供热从20世纪50年代开始起步，近年来发展迅猛。随着我国供热体制改革不断深入、城市供热面积逐步扩大、管理人员规模不断增加，热用户对供热质量的要求越来越高，供热企业的管理压力越来越大，然而由于供暖运营水平落后，缺乏自动化信息化运营，供热问题难以及时诊断。这就要求供热企业要不断加大管理创新力度，有效提高企业竞争力，而信息化系统建设既是管理创新的重要组成部分，又是实现企业健康、稳定和快速发展的必由之路。

1. 外部大形势越来越严峻

收费大改革、分户改造、计量改革正在逐步深入，供热企业的节能减排压力、社会责任的要求不断提高，广大热用户对热质量和多样化的要求不断提升，供热用煤、水、电、人工、设备、材料等生产要素价格不断增长，以上种种因素导致供热成本不断增加，加之现行热价偏低，致使企业政策性亏损。面对这些压力，企业要不断向内挖潜，由传统的粗放管理向精细化管理过渡；在生产上采用新技术，在管理上采用新方法、新手段。

2. 内部管理压力越来越大

由于供热面积的扩大，在管理上必然形成多机构、多供热站点（所）、多收费点，进而使得范围广、地点分散；管理上从粗放到精细，内容涉及工程、运行、计费、服务等各个专业；收费方式多样化，既有上门（走收）收费，又有窗口收费，既有按面积收费，又有计量收费等；内部管控较难实行量化管理、流水作业，技术知识不能共享，审批审核、稽查管理难以准确到位。

3. 信息化水平急需改进

目前，供热企业虽然已经形成基本的收费管理、客户管理、生产运行信息化管理框架，但收费系统要满足经营的具体要求还急需改进和完善，而且生产系统没有全覆盖，基础资料仍不准确，这些系统尚处于分散、低速和不准确状态，存在着诸多的信息鸿沟和信息孤岛；设备、材料、工程、维修和服务等专业的信息化程度有待加强，以便及时掌握分析；管理信息的采集、处理、传递和利用等方面尚需实现及时协同作业；管理信息量庞大，缺少大型或分布式的数据库的支持，信息管理机制和相应硬件设备需要改进；信息管理的要求不统一，存在着横向管理部门之间和纵向管理层级之间的交叉，随意性大且难以管控。

建设供热管理信息化系统，推进企业管理创新已经迫在眉睫，全面实现信息化与供热管理的融合，需向规范管理要效益，使企业得以迅速适应国家供热体制改革大趋势，实现节能减排和“绿色”供热，满足分户计量供热和按需供热的需要，从而有效提高企业的综合实力和整体竞争力，实现企业的健康、稳定和快速发展。

1.3 主要研究内容

清洁能源在供暖行业的应用主要有以下几种方式：热泵供暖、电直热供暖、太阳能＋辅助热源供暖、蓄能电暖器供暖、电热膜供暖、电锅炉供暖和燃气壁挂炉供暖。这几种方式现在已经得到了人们的好评，更是得到了政府的支持和推广。目前行业内被认可的清洁供暖模式大多以电为输入能源，如热泵供暖、电直热供暖、太阳能＋辅助热源供暖、蓄能电暖器供暖、燃气壁挂炉供暖等。本书从热泵供暖、电直热供暖、太阳能＋电直热供暖方面及末端采暖形式方面进行研究，主要研究内容如下：

第一，从空气源热泵、地源热泵、水源热泵和吸收式热泵原理、应用方面进行研究。

第二，主要从模块化发热地板的组成，碳纤维发热线的电热性能、热工性能，相关的设计和施工要求，不同装饰面模块化发热地板的性能等方面进行试验研究。

第三，对功能装饰墙面的保温原理和传热性进行研究。

第四，对太阳能热水采暖系统和碳纤维电地暖系统的理论进行分析，提出两个系统相结合的新型绿色双供暖系统。

第五，建立低层建筑模型进行负荷计算，分析新型绿色双供暖系统在北方地区低层建筑尤其是农村建筑中应用的技术经济性。

第六，对不同末端采暖形式温度响应进行研究，从室内空气温度、流速、墙壁内表面温度等方面分析供暖末端与房间内温度场、气流组织与舒适度之间的关系。

第七，提出供热数据分析系统的架构以及系统提供的具体应用。

2 热泵采暖系统

2020年9月22日，国家主席习近平在第七十五届联合国大会一般性辩论上发表重要讲话："中国将提高国家自主贡献力度，采取更加有力的政策和措施，二氧化碳排放力争于2030年前达到峰值，争取2060年前实现碳中和。"由此，"碳达峰、碳中和""双碳"等关键词在学术界、工程界引起了广泛关注。作为建筑能源应用领域的践行者，需要了解建筑行业、暖通空调行业在全国总碳排放中的占比情况，应在相关领域尽可能地践行建筑低碳、节能的目标，为"碳达峰、碳中和"贡献力量。

根据《中国建筑能耗研究报告（2020）》，2018年度全国建筑运行阶段碳排放21.1亿吨，占全国碳排放的比重为21.9%。一般来说，暖通空调系统能耗占建筑运行能耗的40%～50%，即暖通空调系统碳排放在建筑运行阶段碳排放占有一定比重。因此，暖通空调系统全年碳排放总量不容忽视，对项目设计应给予高度重视。

2.1 空气源热泵采暖系统

根据《中国制冷空调行业2020年度报告》2017—2020年主要蒸汽压缩循环冷（热）水机组的相关统计数据，空气源热泵冷（热）水机组（含螺杆式、涡旋式）冷量占比为28%～30%。可见，空气源热泵在蒸汽压缩式冷（热）水机组中所占比重相当可观，提高空气源热泵及其系统运行能效意义重大。

热泵是通过采用少量的电能将低品位热量提高为高品位热量的设备，而空气源热泵将室外空气作为低温热源，采用逆卡诺原理进行制热，所以资源充足，不会存在短缺现象，并且空气源热泵机组具有占地面积小、初投资小、安装方便、节能环保、效益显著等一系列优点，可满足普通住宅的供暖需求。空气源热泵使用过程中消耗电能，因此使用空气源热泵既可缓解"弃电"现象，又可节能环保，成为目前北方供暖地区"煤改电"过程中大力推广的冬季采暖设备之一。

2.1.1 卡诺循环

卡诺循环（Carnot cycle）是只有两个热源（一个高温热源温度 T_1 和一个低

温热源温度 T_2）的简单循环。由于工作物质只能与两个热源交换热量，所以可逆的卡诺循环由两个等温过程和两个绝热过程组成。

法国工程师卡诺通过研究蒸汽机的基本结构和工作过程，抛开所有非主要因素，从理想循环着手，用普遍理论的方法，得出如下结论：消耗热可以得到机械功。他指出，热机一定要在高温热源和低温热源之间工作，如图 2-1（a）所示，凡是有温度差的地方就能够产生动力；反之，凡能够消耗这个力的地方就能够形成温度差，就可能破坏热质的平衡。他构造了一个在冷凝器和加热器之间的理想循环：汽缸和加热器连通，使加热器的温度与汽缸内的工作物质水和饱和蒸汽温度相等，让汽缸内的蒸汽缓慢膨胀，保持在整个过程中蒸汽和水都处于热平衡；接着让汽缸和加热器互相隔绝，使蒸汽绝热膨胀，直到温度和冷凝器的温度相等；然后活塞缓慢压缩蒸汽，一段时间后冷凝器与汽缸脱离，做绝热压缩一直恢复到初始的状态。这个循环是由两个等温过程与两个绝热过程组成的循环，叫作“卡诺循环”。

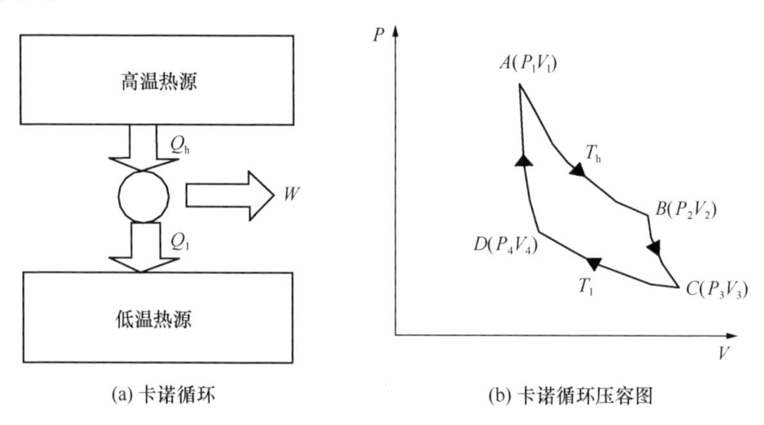

图 2-1　空气源热泵卡诺循环原理

卡诺循环由四个过程组成：等温膨胀、绝热膨胀、等温压缩、绝热压缩，如图 2-1（b）所示。

（1）等温膨胀，在这个过程中系统从高温热源中吸收热量 Q_h（过程为 A 点到 B 点，AB 线为等温线，温度为 T_h）；

（2）绝热膨胀，在这个过程中系统对环境做功（过程为 B 点到 C 点，BC 线为绝热线）；

（3）等温压缩，在这个过程中系统向低温热源中放出热量 Q_l（过程为 C 点到 D 点，CD 线为等温线，温度为 T_l）；

（4）绝热压缩，系统恢复到原来状态，在这个过程中系统对环境做负功（过程为 D 点到 A 点，DA 线为绝热线）。

2.1.2 逆卡诺循环

逆卡诺循环就是通过输入一定的动力 W，把热能 Q_l 从低温热源移动到高温热源处，如图 2-2（a）所示，从而使低温热源温度更低、高温热源温度更高。若低温热源范围为无限大、高温热源范围为有限大，此时能造成高温热源温度相对大的提升，这就是空气源热泵、制热空调的制热原理；若高温热源范围为无限大、低温热源范围为有限大，此时能造成低温热源温度相对大的降低，这就是冰箱、制冷空调的制冷原理。

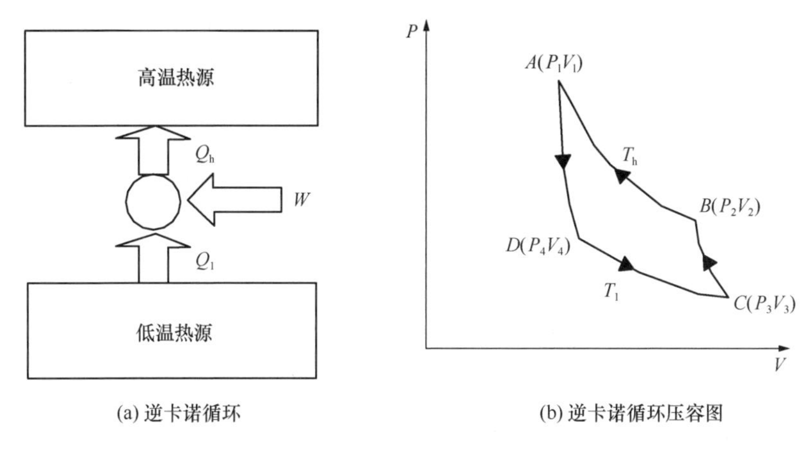

图 2-2 空气源热泵逆卡诺循环原理

逆卡诺循环由四个过程组成：绝热膨胀、等温膨胀、绝热压缩、等温压缩，如图 2-2（b）所示。

（1）绝热膨胀，在这个过程中系统对环境做功（过程为 A 点到 D 点，AD 线为绝热线）；

（2）等温膨胀，在这个过程中系统从低温热源中吸收热量 Q_l（过程为 D 点到 C 点，DC 线为等温线，温度为 T_l）；

（3）绝热压缩，在这个过程中系统对环境做负功（过程为 C 点到 B 点，CB 线为绝热线）；

（4）等温压缩，在这个过程中系统向高温热源中放出热量 Q_h（过程为 B 点到 A 点，BA 线为等温线，温度为 T_h）

2.1.3 工作过程

空气源热泵的热水器内置了一种吸热的介质——制冷剂（冷媒），它在液体的状态下温度低于零下 20℃，一般与外界自然温度存在着温差，故此，制冷剂可以吸收外界自然的温度，在蒸发器内部产生压力并且蒸发气化，通过热泵的循环，使制冷剂从气体状态转化成液体状态，它携带的热量便释放给了热泵热水器机组水箱中的储用水。空气能热泵循环原理如图 2-3 所示。

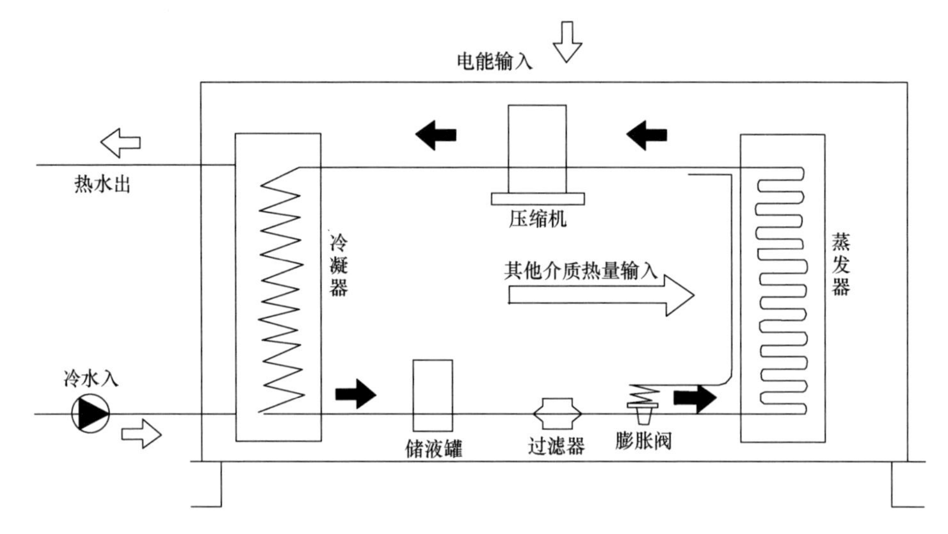

图 2-3　空气能热泵循环原理

空气源热泵工作过程包括以下四个步骤：

（1）低温低压的液态制冷剂经膨胀阀节流降压［此过程原理为图 2-2（b）中 AD 段］；

（2）制冷剂通过降压后，接着进入交换机中蒸发，从而在空气中吸收大量的热量 Q_1，制冷剂转为气态［此过程原理为图 2-2（b）中 DC 段］；

（3）气态制冷剂进入压缩机被压缩，变成高温高压的制冷剂［此过程原理为图 2-2（b）中 CB 段］；

（4）压缩后的高温高压气态制冷剂进入热交换器后，把它所含的热量释放出来，将冷凝器中的冷水加热［此过程原理为图 2-2（b）中 BA 段］，冷水被高温高压制冷剂加热到 55℃（最高可以到 65℃）进入保温水箱，此时制冷剂也由气态转变为液态。

如此一直循环，源源不断地从空气中吸收热量给冷水，使冷水温度升高。

2.1.4　空气源热泵能效比

卡诺循环的能效比：

$$Q_h = Q_{ab} = \nu R T_h \ln \frac{V_2}{V_1} \tag{2-1}$$

$$Q_l = |Q_{ab}| = \nu RT_l \ln\frac{V_3}{V_4} \tag{2-2}$$

B-C 绝热过程中 $T_h V_2^{\gamma-1} = T_l V_3^{\gamma-1}$，$D$-$A$ 绝热过程中 $V_1^{\gamma-1} T_h = V_4^{\gamma-1} T_l$，得出 $\frac{V_2}{V_1} = \frac{V_3}{V_4}$。

$$COP = \frac{W}{Q_h} = \frac{Q_h - Q_l}{Q_h} = 1 - \frac{Q_l}{Q_h} = 1 - \frac{T_1}{T_h}\frac{\ln\frac{V_3}{V_4}}{\ln\frac{V_2}{V_1}} = \frac{T_h - T_l}{T_h} \tag{2-3}$$

逆卡诺循环的能效比：

因输入的能量 W 较为分散，此时获得的能量取 Q_l（从低温中吸收的热能）：

$$COP = \frac{W}{Q_h} = \frac{Q_l}{Q_h - Q_l} = \frac{Q_l}{W} = \frac{T_l}{T_h - T_l} \tag{2-4}$$

式中 Q_l——吸收的热量，kW；

T_l——吸收热量后的温度，K；

Q_h、Q_{ab}——放出的热量，kW；

T_h——放出热量后的温度，K；

W——外输动力，kW；

ν——质量体积，m^3/kg；

R——气体常数，J/（mol·K）；

γ——比热容比；

V_1——A 点的体积，m^3；

V_2——B 点的体积，m^3；

V_3——C 点的体积，m^3；

V_4——D 点的体积，m^3。

COP 理论值：不考虑外界因素的理论效率为 COP_0＝(环境温度 T＋273)/温升 Δt；考虑空气源热泵实际运行的各种因素，电动机效率为 0.95，压缩机效率为 0.8，换热器效率为 0.9，系统效率为 0.8，则理论能效比为 COP＝0.95×0.8×0.9×0.8×COP_0＝0.55×(T＋273)/Δt。COP 实际值为热泵的实际制热量与实际输入功率的比值。

2.1.5 项目应用

根据上海市上海中学新扩建教学楼工程实际情况，基于场地条件、学校使用要求、空调系统特性等多方面因素，针对地下室各功能区域采用空气源热泵系统进行设计改进，以期提高系统能效、节约运行费用和降低碳排放。

1. 工程概况

上海中学新扩建教学楼工程位于上海市徐汇区上中路100号，上海中学校区内西北侧，新扩建建筑面积共9.9万m^2，其中：地下建筑面积5.6万m^2，主要功能为教学功能及相关辅助功能用房（如戏剧音乐教室、报告厅、公共活动教室、音乐体育教室、羽毛球馆、后勤保障用房、食堂等）、机电设备用房及机动车库；地上建筑面积4.3万m^2，地上最高为6层，主要功能包含1层的门厅、活动教室、健身中心和图书阅览室，2～5层为普通教室、专用教室和教师办公室等，6层为专用教室和活动教室等，建筑总高度为23.95m。

2. 空调冷热源方案优化

根据学校建筑空调系统的使用特点，结合校方的意见，本项目地上部分（均为各教学功能用房）建筑空调系统均采用变制冷剂流量多联式空调（热泵）机组，室外机均设置于屋顶。

地下功能区域不适宜采用多联式空调（热泵）机组，原因如下：

（1）为尽可能减小制冷剂管长度，需要多处分散设置室外机，且占用屋顶面积过大，导致屋顶绿化面积减少；

（2）制冷剂管长度较长会导致多联式空调（热泵）机组性能衰减；

（3）屋顶多处安装室外机，与其他设施（如太阳能系统等）存在冲突。

地下建筑面积5.6万m^2，需要设置空调的功能区建筑面积近3万m^2。另外，根据学校近一两年已建好并投入使用的综合教学楼和第一教学楼使用情况，地下室区域在过渡季出现了一定的霉味，每年黄梅季尤其明显。因此，本次设计地下室空调系统需要具备过渡季除湿功能，特别是满足黄梅季除湿和再热需求，故整个地下室范围空调水系统采用四管制。地下室冷热负荷及除湿需求见表2-1。

表2-1　地下功能区各季节负荷表

季节	参数	数值
夏季	室内冷负荷/kW	1722
	新风冷负荷/kW	2228
	总冷负荷/kW	3950
冬季	室内热负荷/kW	256
	新风热负荷/kW	1790
	总热负荷/kW	2046
过渡季	最大除湿量/（kg/h）	556
	除湿冷负荷/kW	560
	再热负荷/kW	163

根据冷热负荷及过渡季除湿需求，设计了适合本项目的3种冷热源方案，见表2-2。

表 2-2　空调系统冷热源方案

类别	冷热源配置
方案 1	1266kW 螺杆式水冷冷水机组 3 台 700kW 锅炉 3 台
方案 2	640kW 两管制空气源热泵 4 台 640kW 四管制空气源热泵 2 台
方案 3	640kW 蒸发冷却式空气源热泵 4 台 640kW 四管制空气源热泵 2 台

方案 1 为传统的冷水机组+锅炉方案，在设计前期考虑过此方案，但总体来说，空调水系统区域面积不算太大，设置冷冻机房、锅炉房等对学校来说管理难度大，校方不希望设置锅炉房等，但从方案比较的角度，需要将传统典型方案纳入一并比较。

方案 2 是考虑了空调水系统的特点，避免设置冷冻机房、锅炉房，故采用空气源热泵的方案；为了满足过渡季地下室的制冷除湿及再热要求，同时配置了四管制机组（为保证可靠性，设置四管制机组不少于 2 台），根据空调负荷确定采用 6 台 640kW 的空气源热泵，其中 2 台为四管制空气源热泵。方案 2 全部采用空气源热泵，避免了方案 1 对冷冻机房、锅炉房的需求，这对于夏热冬冷地区中小型项目是一种适宜的选择。对于上海地区，制冷期长于制热期，同时本项目位于地下室，制热需求相对较小，制冷运行时间更长。若采用方案 2，如何提高空气源热泵夏季运行效率成为首要关注点。

方案 3 是在方案 2 的基础上提出的。两者的最大区别在于将 4 台两管制空气源热泵改为 4 台蒸发冷却式空气源热泵。该机组与空气源热泵的最大差别在于其制冷时室外换热器同时有淋水过程。图 2-4 所示为典型的蒸发冷却式空气源热泵工作原理。

为了对比分析上述三种方案的能耗及碳排放数据，需要对空调系统全年能耗进行模拟计算。夏季时，空气源热泵和蒸发冷却式空气源热泵的 *COP* 分别如图 2-5 和图 2-6 所示。

经计算，三种冷热源方案全年能耗及碳排放数据汇总见表 2-3。

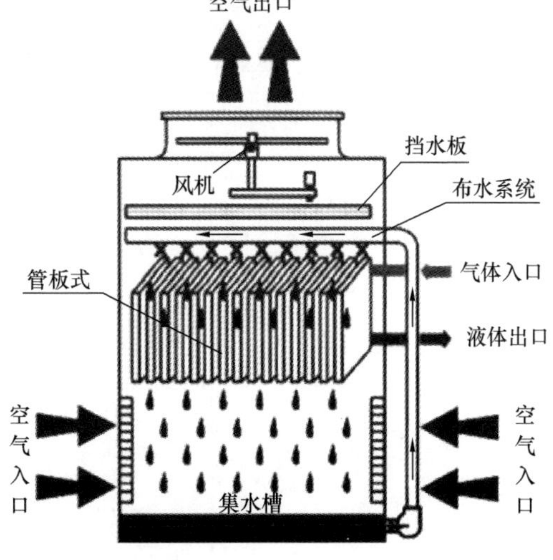

图 2-4　典型蒸发冷却式空气源热泵工作原理

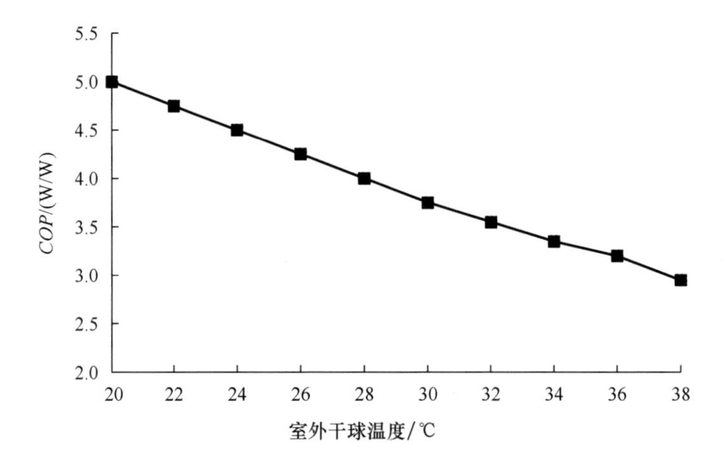

图 2-5　空气源热泵的 *COP* 随室外干球温度的变化

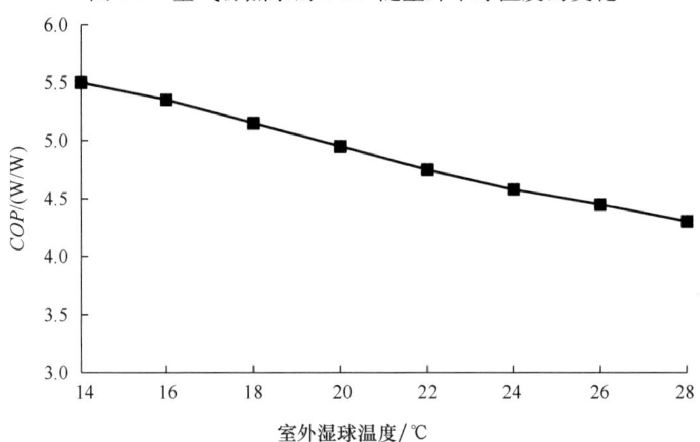

图 2-6　蒸发冷却式空气源热泵的 *COP* 随室外湿球温度的变化

表 2-3　三种方案全年运行数据计算结果汇总

项目	季节	方案 1	方案 2	方案 3
耗电量/(kW·h)	夏季	460833	691250	535161
	冬季	0	192565	162565
	除湿季	18677	28000	21677
	合计	479510	911815	719403
天然气消耗量/m^3	冬季	74880	0	0
	除湿季	3229	0	0
	合计	78109	0	0
碳排放/t	夏季	278.3	417.5	323.2
	冬季	161.9	116.3	116.3
	除湿季	18.3	16.9	13.1
	合计	458.5	550.7	452.6

续表

项目	季节	方案 1	方案 2	方案 3
运行费用/万元	夏季	46.1	69.1	53.5
	冬季	30.0	19.3	19.3
	除湿季	3.2	2.8	2.2
	合计	79.2	91.2	75.0

从表 2-3 可以看出，方案 2 全年运行费用最高，主要原因在于制冷季空气源热泵运行效率较冷水机组或蒸发冷却式空气源热泵低；方案 3 夏季耗电量高于方案 1，冬季和除湿季运行费用低于方案 1，其全年运行费用低于方案 1。因此，上述三个方案中，方案 3 全年运行费用最低、碳排放最低，相对方案 2 全年降低碳排放及运行费用分别约为 17.8%和 17.8%。

3. 空调系统设计改进

在确定的供回水温度下，空调系统末端设备的最大供冷、供热能力是确定的。胡洪对新风空调箱在不同冷水温度下的最大制冷能力进行了研究，李沛珂等为了分析空气源热泵冬季在低温热水条件下的制热能力，开发了小温差风机盘管并进行相关试验研究。由此，为优化整个空调系统，特别是为提升空气源热泵冬季制热效率，需要尽可能降低其供水温度，而降低供水温度的关键是空调末端设备需要具备在低温热水条件下的供热能力。因此，整个系统改进既关系到末端设备能力又关系到机组能效的提升，需要综合考量这两个方面。

（1）空调水系统改进

本项目需要考虑地下室在过渡季的除湿需求，空调末端设备及水系统采用四管制。夏季空调冷水通过冷水管道进入末端冷盘管，热盘管水阀关闭；冬季空调热水通过热水管道进入末端热盘管，冷盘管水阀关闭；过渡季除湿再热时则同时开启冷、热盘管。

风机盘管机组通常采用“3＋1”排布置，即冷盘管 3 排、热盘管 1 排。冬季制热时：热水通过 1 排管换热；冷盘管 3 排，是热盘管面积的 3 倍，此时却闲置无法使用。根据传热学原理，$Q=KF\Delta T$，房间负荷需求 Q 不变，若换热面积 F 增大，那么换热温差 ΔT 可以减小（即冬季空调系统供回水温度可以降低）。

为了在制热时用到 3 排管，设计时对水系统做了改进。夏季所有机组制冷，冬季所有机组制热，空调冷水、热水均通过冷热合用管道进入风机盘管机组冷盘管（为 3 排管，该盘管以冷选型，夏季供冷，冬季供热），热盘管水阀关闭；过渡季同时开启冷盘管水阀（3 排管，用于冷却除湿）和热盘管水阀（1 排管，用于除湿后的再热）。

（2）风机盘管机组低温供热能力

基于上述分析，可以降低冬季空调系统供回水温度。冬季热泵供水温度降低，热泵运行效率将提高，但末端设备的换热能力将下降。为了从设计计算上找到一个合理的供回水温度，需要对末端设备在不同供回水温度下的供热能力与房间实际供热需求进行比较分析，以确定末端设备供热能力满足房间供热需求时的最低供回水温度。

本项目大部分房间面积为 30～40m²，采用风机盘管机组＋独立新风系统（新风处理至等焓点），新风负荷由新风机组承担，室内负荷由风机盘管机组承担。为了确保风机盘管机组满足冬季供热要求，需要研究不同房间冬季室内热负荷与夏季冷负荷的比例关系。根据房间围护结构的构成、人员密度等情况，经计算，本项目室内热负荷与室内冷负荷的比值见表 2-4。

表 2-4　不同围护条件及人员密度下室内热负荷与室内冷负荷的比值

围护条件	人员密度/（人/m²）				
	0.1	0.2	0.3	0.4	0.5
0 围护	0	0	0	0	0
1 围护	0.19	0.13	0.09	0.07	0.06
2 围护	0.36	0.24	0.18	0.14	0.12
3 围护	0.50	0.34	0.26	0.21	0.18

由表 2-4 可知：不同围护结构、人员密度下，室内热负荷与室内冷负荷的比值不同，主要集中在 0～0.36，最大比值约为 0.50。对于风机盘管机组，根据某厂家提供的选型数据，两管制（3 排管）及四管制（“3＋1”排管）在冬季不同供水温度下（供回水温差为 5℃），供热量与供冷量（按夏季供/回水温度 7℃/12℃）的比值如图 2-7 所示。

从图 2-7 可以看出，当采用传统四管制（“3＋1”排管）时，冬季末端按 1

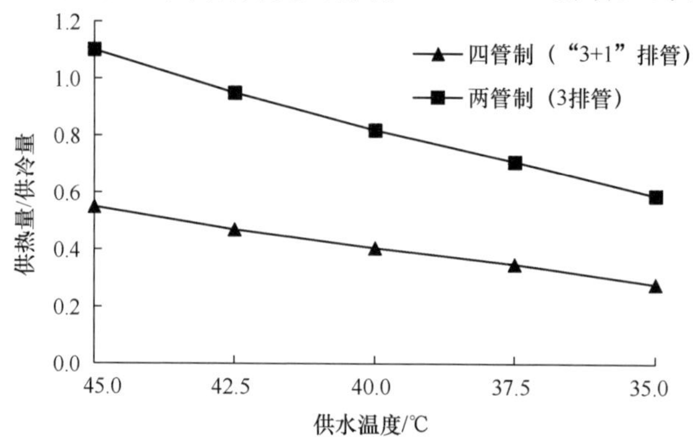

图 2-7　两管制和四管制风机盘管机组在不同供水温度下供热量与供冷量之比

排管供热，热泵供水温度需要达到 45℃才能确保本项目供热需求；采用两管制（3 排管）时，冬季热泵供水温度不低于 35℃即可满足供热需求。

（3）空气源热泵低温制热性能

室外温度、供水温度等均会影响空气源热泵冬季制热性能。本项目设计选型的空气源热泵，根据厂家提供的数据，在不同室外温度下 *COP* 随供水温度的变化如图 2-8 所示。

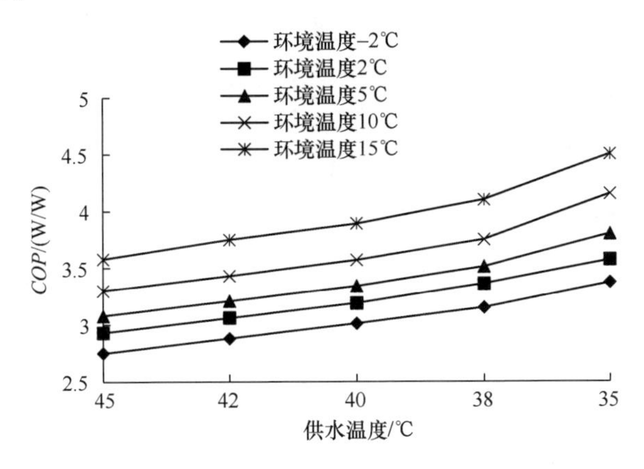

图 2-8 不同室外温度下 *COP* 随供水温度的变化

从图 2-8 可以看出，随着冬季热泵的供水温度降低，其 *COP* 提高。在室外温度为－2℃下，与供水温度为 45℃时相比，供水温度为 35℃时的热泵 *COP* 提高约 25.5%。

（4）系统改进效果分析

针对本项目特点进行系统改进效果分析，通过对 3 种空调冷热源方案的比较发现，蒸发冷却式空气源热泵＋四管制空气源热泵系统年运行费用最低，碳排放也最低，相对于两管制空气源热泵＋四管制空气源热泵方案，全年降低碳排放 98.1t，节约年运行费用 16.3 万元。针对蒸发冷却式空气源热泵＋四管制空气源热泵系统，将常规“冷 3 排管＋热 1 排管的四管制”思路转化为“冷热两管制 3 排管＋再热 1 排管”，在满足室内供热需求下，热泵的冬季供水温度可降低，热泵冬季制热 *COP* 可提高约 25.5%，相应地本文所述项目可减少碳排放 29.7t（约 6.6%），节约年运行费用 4.9 万元（约 6.6%）。基于对冷热源方案的分析和水系统的改进设计，本项目全年减少碳排放 127.8t，全年节约电量约 21.2 万 kW·h，节约年运行费用 21.2 万元。

通过对空调水系统的改进，实现了空气源热泵低温制热，在保证使用的情况下，确保了系统的高效运行，这是一种有效实现节能减排的方法，对于类似工程具有很好的参考价值。

2.2 地源热泵采暖系统

地源一词的汉语内涵十分广泛，包括所有地下资源。但是行业内，这一词语是指潜藏于地壳以下400m深度之内的低温地热能源。这部分能源主要来自太阳能，还有很少的一部分来自储存于地球内部的地热能。地源热泵系统由热泵机组、地源能量交换系统及建筑内系统组成。依据地热能交换形式的不同，地源热泵系统主要分为两种，即地下土壤源热泵系统和地下水源热泵系统。

2.2.1 工作原理

两种地源热泵系统存在一定的差别，但是其制冷及供暖原理大同小异，都是利用热泵，采用热交换的方法实现能量的转换，以满足人们日常生产生活中的热量（冷量）需要。

土壤源热泵的工作原理如图2-9所示。地下内部土壤的温度变化幅度一般较小，保持相对恒定，因此热泵系统利用建筑物周围深埋的埋管系统与地源（热源或冷源）接触，促成住宅内部与地热能完成热量转换。土壤吸收了大量太阳能，热量巨大而又不间断，地下温度场处于地下深层，地下温度一年四季变化较小，季节对地下温度场的温度基本不会产生影响，因而地下温度场温度基本处于恒定状态。冬季，地下温度比大气温度高，而夏季又比大气温度低。土壤源热泵就是利用地下温度场的这一特点，冬季热泵利用电能从土壤中取热，将热量传输给建筑物实现供暖；夏季热泵又利用电能将温度较高的室内热量排入土壤，为建筑物制冷。

与传统的冷水机组加锅炉的配置相比，地源热泵初期投资较高，但长远来看，全年可降低能耗40%左右，并且机房占地面积较小，耗水少，运行费用低，对环境无污染。热泵系统一般由三组功能部件（热泵主机、室外的地埋管换热器和室内空调机末端）和三套能量循环（室外的地源水循环、热泵冷媒循环及负荷水循环）构成。地埋管换热器的主要作用是夏季向土壤排出热量，作用类似于常规空调的冷却塔；冬季从土壤中吸取热量，功能类似于传统燃煤采暖过程中的锅炉。

图2-10是土壤源热泵的主要工作流程。夏季，热泵用作制冷机。此时，室内温度比土壤温度高很多，土壤侧作为冷源使用。在循环泵的作用下，该侧换热管中的循环水不断流动，对冷凝器中的制冷剂进行冷却。房间末端系统的传热介质在通过蒸发器后被冷却，然后输送给房间内的换热器，从而实现夏季制冷的效果。

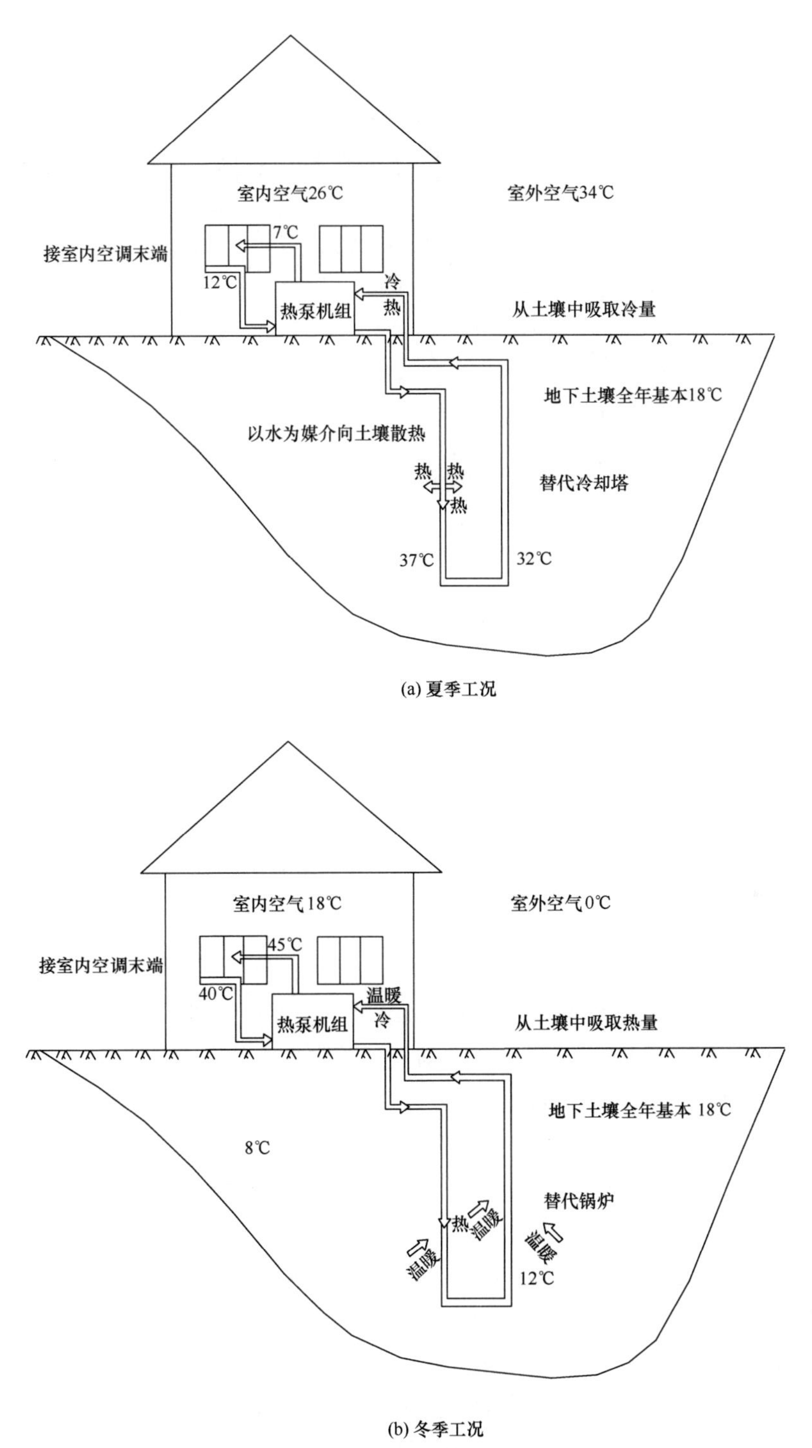

图 2-9 土壤源热泵的工作原理

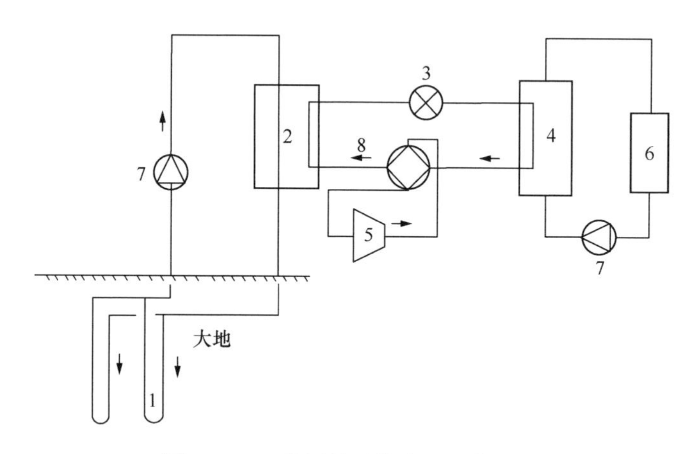

图 2-10　土壤源热泵的主要工作流程

1—室外埋管换热器；2—冷凝器（夏），蒸发器（冬）；3—节流装置；4—蒸发器（夏），冷凝器（冬）；5—压缩机；6—房间换热器；7—循环泵；8—换向阀

冬季，热泵系统用作热机。此时，室内温度比土壤温度低，地源作为热源。地源侧埋管内具有较高温度的流动水，能够对蒸发器中的制冷剂进行循环加热，然后使加热后的制冷剂在蒸发器中进行循环。冷凝器将用户端系统的传热介质进行加热，再输送到换热器，实现对室内供暖的目的。热泵机组通过其内部设置的四通阀，可以进行功能切换。如果制冷机组内部没有设置四通阀部件，也可以通过机组外部连接管道上的阀门进行切换。

2.2.2　应用现状

早在 1912 年，地源热泵这一说法就由瑞士人 Zolly 提了出来。1948 年，世界上第一个地源热泵系统在美国建成使用。1998 年，美国的地源热泵系统在商业建筑中的使用率已经达到 19%，在新建建筑中的占比已达 30%，并持续增长。除了美国，德国、法国等欧洲国家也广泛应用地源热泵系统，主要利用浅层地热资源进行供热。

20 世纪 80 年代，我国才开始进行地源热泵技术研究。1988 年，中国科学院广州能源研究所主办了“热泵在我国应用与发展问题专家研讨会”。2000 年，山东建筑工程学院建成了我国第一个地源热泵研究所。2005 年，地源热泵成为建筑行业的十项新科学技术之一。2011 年，针对水源热泵应用时产生的水体恶化现象，同济大学的宋应乾等人展开了分析研究，并给出了可行性解决方案。截至 2012 年底，我国已有 4000 多家从事地源热泵产品生产、施工与运行保障等方面工作的企业，有 2300 多个与地源热泵施工、运行相关的工程项目。地源热泵及其相关产业的市场规模突破了 324 亿元，应用建筑取暖（制冷）面积将近 2.4 亿 m^2。

2015年，我国在上海举行了一次地源热泵展，有150多家企业参加了展会。最近几年，由于国家的大力支持，地源热泵技术的应用范围越来越广。“十三五”期间，国内该系统的新增应用面积就已达到了$1.1\times10^9m^2$。

2.2.3 系统优点

1. 利用可再生能源

地表浅层地热资源可以称为地能，是指地表土壤、地下水或河流、湖泊吸收太阳能、地热能而蕴藏的低温位热能。地表浅层是一个巨大的太阳能集热器，收集了太阳散发到地球上能量的47%，比人类每年利用能量的500倍还多。它不受地域、资源等限制，真正是量大、面广，无处不在。这种储存于地表浅层并类似于一种无限的可再生能源，使得地能也成为清洁的可再生能源的一种形式。

2. 高效节能，运行稳定可靠

地能或地表浅层地热资源的温度一年四季相对稳定，冬季比环境空气温度高，夏季比环境空气温度低，是很好的热泵冷热源，这种温度特性使得地源热泵比传统空调系统运行效率要高40%，因此节能和节省运行费用40%左右。另外，低能温度较恒定的特性使得热泵机组运行更可靠、稳定，也保证了系统的高效性和经济性。据美国环保署（EPA）估计，设计安装良好的地源热泵，平均来说可以节约用户30%～40%的供热制冷空调的运行费用。

3. 环境效益显著

地源热泵的污染物排放，与空气源热泵相比，相当于减少40%以上，与电供暖相比，相当于减少70%以上，如果结合其他节能措施，节能减排量会更明显。虽然也采用制冷剂，但比常规空调装置减少25%的充灌量。地源热泵采用的制冷剂属自含式系统，即该装置能在工厂车间内事先整装密封好，因此，制冷剂泄漏概率大为减少。该装置的运行没有任何污染，可以建造在居民区内，没有燃烧，没有排烟，也没有废弃物，不需要堆放燃料废物的场地，且不用远距离输送热量，可以极大地改善其他空调方式的CO_2的排放。

4. 舒适程度高

由于地源热泵系统的供冷、供热更为平稳，降低了停、开机的频率和空气过热、过冷的峰值，这种系统更容易适应供冷、供热负荷的分区。

5. 一机多用，应用范围广

地源热泵系统可供暖、制冷，还可供生活热水，一机多用，一套系统可以替换原来的锅炉加空调的两套装置或系统，也可应用于宾馆、商场、办公楼、学校等建筑，更适合于别墅住宅的采暖、制冷。

6. 自动运行

地源热泵机组由于工况稳定，所以可以设计简单系统，部件较少，机组运行简单可靠，维护费用低；自动控制程度高，可无人值守。此外，机组使用寿命长，均在 20 年以上。

2.3　水源热泵采暖系统

地下水源热泵的冷热源一般来自水井和一些废弃的矿井。水泵将含有低位热能的井水抽到热泵机组进行换热，然后再将井水排回地下，一般通过回灌井排到原来的水层，尽量保持地下水平衡。这种将地下水作为冷热源的系统叫作地下水源系统。我们可以从另一方面考虑，即使是直接抽水换热，但抽水井等水层与大地是直接接触的，当水层温度降低时，土壤也会与地下水层进行换热，所以总体来说还是地源热泵系统。

2.3.1　概念及组成

地下水源热泵系统的概念可以简单地概括为：冬季供暖的时候，系统从地下水中取热，提高温度后供室内的采暖；相反，在夏季制冷时，系统将从室内吸收的热释放到地下水中，从而降低室内温度。图 2-11 是地下水源热泵空调系统的组成，从图中我们可以看出地下水源热泵系统主要由四部分组成，即地下水换热系统、水源热泵机组、建筑物内采暖空调系统和控制系统。其中地下水换热系统主要包括水源、热源井、输送水源的管路、水处理设备等。地下水换热系统和水源热泵机组之间是通过水循环或者是添加防冻液的水溶液循环来实现热量的传递；而水源热泵机组与建筑物采暖空调系统之间的热量传递是靠水或空气的循环来实现的。

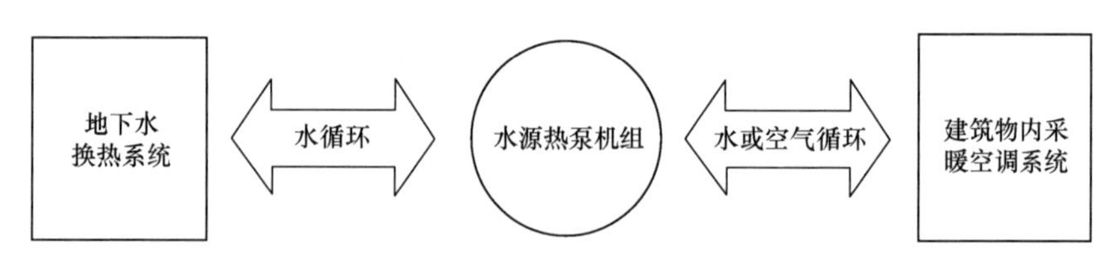

图 2-11　地下水源热泵空调系统的组成

2.3.2　地下水源热泵的工作原理

地下水源热泵空调系统的工作原理如图 2-12 所示。冬季循环时，阀门 F2 和 F4 开启，阀门 F1 和 F3 关闭。系统从地下水中吸取低位热能，地下水在蒸发器内被蒸发冷却后通过回灌井返回到含水层内，由通过冷凝器出来的热水对建筑物进行供暖；夏季时，阀门 F1 和 F3 打开，阀门 F2 和 F4 关闭。由被蒸发器蒸发冷却的冷水对建筑物进行供冷，而在冷凝器中，地下水吸取制冷剂的冷凝热，即向地下水放热，被加热的地下水返回到地下同一含水层内。

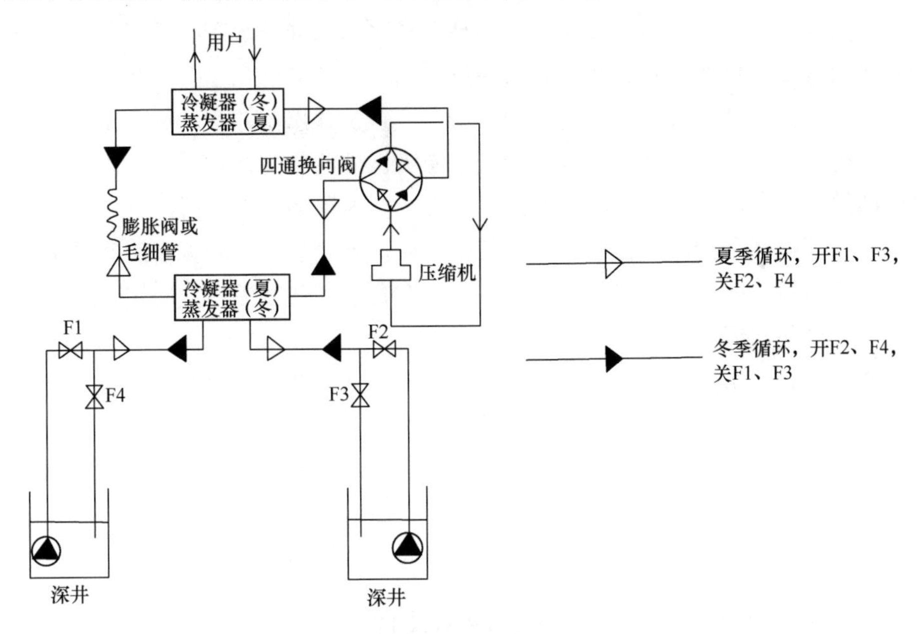

图 2-12　地下水源热泵空调系统的工作原理

2.3.3　地下水源热泵系统的分类

地下水源热泵空调系统根据水源的利用形式不同可分为开式系统和闭式系统。

1. 开式系统

即将地下水直接引入到各台水源热泵机组的热交换器（蒸发器或冷凝器），而不经过中间换热器（板式换热器）进行热交换。该系统管路连接简单，初投资低，换热效果较好。但是不同地区的地下水情况一般都相差很大，不能盲目地采用开式系统，否则会造成管路和设备的腐蚀等严重后果，从而减少系统的寿命。因此，在确定能否采用开式系统之前，一定要对工程区域的水文地质条件进行勘测。如果勘测结果表明该区域能使用开式系统时，也应采取相应的措施，如设置旋流除砂器等。

2. 闭式系统

因为闭式系统比开式系统中间多增设了一个板式换热器，所以该系统能防止地下水对机组及其他组件的腐蚀，但是换热热阻会增加，使系统的能效比降低，管路变复杂，且由于增设了水泵设备而使初投资和能耗变高。

根据布井形式的不同，又可分为同井回灌和异井回灌。

（1）同井回灌

即取水和回灌在同一个井进行，通过隔板把井分成两部分，一部分是吸水区，一部分是回水区。但是应该注意的是，抽水与回灌的水管位置不一样，抽水管安装的位置要比回灌水管的相对深一点。同井回灌的优点是打井数量少，打井费用相对降低；外接管路短，管材用量少。缺点是井水温差小，抽水量大，对地下水系统的扰动大且井管要特殊设计；由于吸、灌两管安装在同一井内，很容易造成抽回水之间的热短路，使地下换热器失效。这种系统在运行时，抽出的地下水大部分不能回灌到同一含水层中，长此以往，就会造成不同含水层间的水质污染，违反国标，引起地下水体的失衡，所以在我国同井回灌系统应用较少。

（2）异井回灌

即取水和回水在不同的井内进行。该系统的抽水井和回灌井之间有一定的距离，这样就可以防止“热短路”现象的产生，且抽、灌井可以定期交换使用，防止回灌堵塞。该系统的优点是井间距大，抽、灌井之间相互干扰较小，有利于系统的运行。缺点是布井时所需占地面积较同井回灌式大，耗资高；井间距大，外铺管道长，造价高。目前，这一系统在我国的应用较多。

2.3.4 地下水源热泵系统的应用条件

地下水源热泵系统的应用是有条件的，不能盲目地采用。它的应用条件主要包括：地下水文地质条件、工程场区周边环境及场地条件、建筑物的冷热负荷条件。

1. 地下水文地质条件

水文地质的主要参数包括地下水量、水温及其水质，地下水位埋深与变化趋势，含水层岩性、埋深和厚度。

（1）地下水量

使用地下水源热泵这种空调系统形式时，首先应考虑是否有充足的水源水量，然后再考虑其他因素。

（2）地下水温及水质

同样的水源热泵机组，如果地下水的温度不同，系统的冷、热量就不同，这样所选用的系统形式也会有差别。因此，水温决定系统的形式。不同地区的水温相差较大，一般比当地气温高 1～2℃。通常制热和制冷的最佳工况点是地下水温为 20℃左右为宜。同时，地下水的水质不好会腐蚀机组及其构件，使得水源热泵机组的使用寿命和制冷（热）效率降低，故地下水要先经过处理再进入系统。由地下水的水质来决定系统的形式，见表 2-5。

表 2-5 不同水质的地下水利用方式

矿物度	地下水利用方式
<350mg/L	直接连接
350～500mg/L	不锈钢板式换热器
≥500mg/L	抗腐蚀性强的钛合金板式换热器

（3）含水层

含水层主要参数包括岩性、埋深、厚度以及分布。普遍认为含水层砂粒为中细砂以上时比较适合采用地下水源热泵系统，因为砂粒越大，渗透系数就越大，而单井出水量和回灌量是受渗透系数影响的。粗砂以上的地质条件能很好地满足工程所需的水量，而且还具有较好的回灌特性；粗砂以下的地质条件下，水量能满足要求，但回灌效果差强人意。表 2-6 为不同岩性含水层的渗透系数经验值。一般认为热源井的深度在 200m 以内是比较经济的，超过 200m 地下水源热泵系统在经济性方面就处于相对劣势的位置。另外，随着含水层埋置深度的加深，系统所需的深井泵的扬程就会增加，从而增加抽水的成本。

表 2-6 不同岩性含水层的渗透系数经验值

含水层岩性	粉砂	细砂	中砂	粗砂	砂卵石
渗透系数/（m/d）	0.5～1	1～2	5～20	20～50	50～500

2. 工程场区周边环境及场地条件

工程场区周边环境状况的调查范围一般都要大于拟定换热区 100～200m。周边环境主要包括邻近已有建筑物的占地面积及其分布、已有地下水源热泵系统的分布情况等，均会影响该工程场区是否能选择地下水源热泵系统。若该工程场区附近建有此种系统，需斟酌该厂区是否会受影响；如果工程场区处于地下水污染区，是不建议采用地下水源热泵系统的。就场地条件方面，为了防止热源井之间的“热短路”现象，就要求热源井之间必须保持一定的距离，且在建筑物的场地范围之内。

3. 建筑物冷热负荷条件

为了提高地下水源热泵系统设备的使用率，真正达到一机多用的技术特点，要求建筑物的冷热负荷要相差不大。例如在像哈尔滨这样的严寒地区，冬季时间较长，并且昼夜温差大，而夏天的高温天气持续较短，所以其建筑物热负荷一般都比建筑物冷负荷大得多。因此，在这些地方采用地下水源热泵系统时，主要用于冬季供暖，这就体现不出热泵机组一机多用的特点，采用地下水源热泵系统就毫无优势可言。因此，地下水源热泵系统最理想的使用条件是，冬季需要供热，夏季需要供冷，并且冷热负荷相差不太大，这样就不会产生由于增置辅助冷热源而额外增加的初投资费用，同时也提高了设备的利用率。

2.4 吸收式热泵采暖系统

2.4.1 吸收式热泵的定义及分类

吸收式热泵是一种利用高品位热源驱动，将热量实现从低温热源向高温热源泵送的循环系统。在实际应用中，吸收式热泵是一种十分有效的回收利用低位热能的装置，具有节约能源及保护环境的双重作用。氨水溶液及溴化锂溶液是目前吸收式热泵系统中最常用的两种工质，不同工质的吸收式热泵系统有其各自的优缺点。其中以溴化锂溶液作为系统工质时需解决的最大问题是溴化锂溶液在高温时对系统金属材料的腐蚀问题。当前该问题已得到了较好的解决，如应用氧气隔绝以及添加缓释剂等措施。而由于氨是一种易燃易爆且有毒的气体，以氨水溶液作为系统工质时，机组的安全性明显较低，且由于氨和水的沸点差较小，因此该机组同时需增设精馏设备及分凝器，所以目前的吸收式热泵系统工质主要是溴化锂溶液。

吸收式热泵有多种划分方法，以制热目的作为区分标准，可将吸收式热泵分为第一类吸收式热泵和第二类吸收式热泵。第一类吸收式热泵（Absorption Heat Pump，简称 AHP）是以少量高温热源驱动，从低温热源取热，制取输出温度低于驱动热源但热量却明显多于驱动热源的热，也被称为“增热型”热泵。

第二类吸收式热泵（Absorption Heat Transformer，简称 AHT）是以大量中温热源驱动，利用中温热源和低温热源的温差，制取输出热量少于中温热源但温度却明显高于中温热源的热，也被称为“增温型”热泵。

第一类吸收式热泵的能源利用效率大于 1，一般在 1.5～2.5 范围内（供热）；第二类吸收式热泵的能源利用效率小于 1，一般在 0.4～0.5 范围内。两类热泵均在三个温度区间工作，且热泵温升能力与热泵性能系数的变化规律恰好相反。

两类吸收式热泵的特点及应用对比见表 2-7。

表 2-7　两类吸收式热泵的特点及应用对比

特点及应用	热泵类型	
	第一类吸收式热泵	第二类吸收式热泵
功能	制取 100℃以下的热水	制取 150℃以下的热水
驱动热源	蒸汽、高温水、燃气、热排气	热排水、有机蒸汽和液体

续表

特点及应用	热泵类型	
	第一类吸收式热泵	第二类吸收式热泵
低温热源	海水、河水、地下水、热排水、太阳能热水	海水、河水、地下水、热排水、太阳能热水
循环	单效、双效	一级
热水回路	冷凝器、吸收器的串联	吸收器
应用场合	房屋内采暖、居民生活热水、给水的预热、用于工程的热水	工业用热水或蒸汽
应用实例	集中供热制冷、温水养殖	精馏、蒸煮工艺

2.4.2　吸收式热泵的工作原理

通过上述对比分析得知，本文所用热泵应选第一类吸收式热泵，因此本文仅以第一类吸收式热泵为例介绍相关热泵的工作原理，其工作原理如图 2-13 所示。

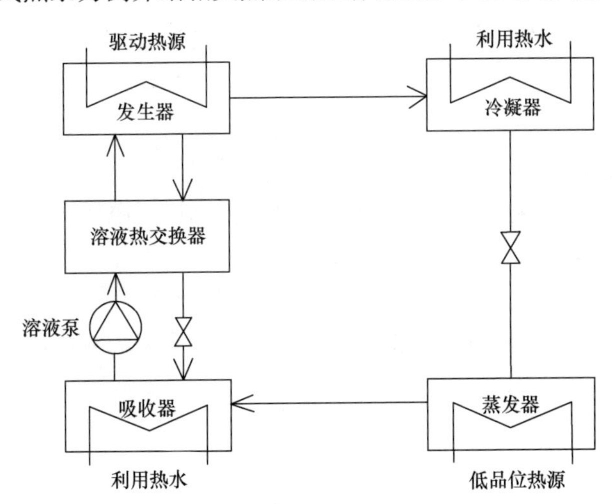

图 2-13　第一类吸收式热泵的工作原理

其工作原理可大致分为四部分：(1) 在发生器中，高温驱动热源加热工质使稀溶液至沸腾，大部分低沸点制冷剂从溶液中蒸发出来，成为饱和冷剂蒸汽，然后流向冷凝器；而由于制冷剂蒸汽的蒸发，原有的稀溶液逐渐变为高温浓溶液，浓溶液进入溶液热交换器换热之后流向吸收器；(2) 在冷凝器中，从发生器流出的高温高压冷剂蒸汽放出热量凝结为冷剂水，流向节流阀，在被节流降温减压后(节流过程中的焓值不变) 流向蒸发器；(3) 在蒸发器中，来自冷凝器的低温低压冷剂水在吸收了低温热源的热量后蒸发成为冷剂蒸汽，然后流向吸收器；

(4) 在吸收器中，来自蒸发器的冷剂蒸汽被发生器中的浓溶液吸收而变成稀溶液，同时放出大量热量，稀溶液进入溶液热交换器进行换热，然后流向发生器，如此不断地循环。

第一类吸收式热泵的热平衡关系式为：

$$Q_g + Q_e = Q_a + Q_c \tag{2-5}$$

根据热力系数的定义，该热泵循环的性能系数 COP 为：

$$COP = \frac{\text{有效制热量}}{\text{消耗的能量}} = \frac{Q_a - Q_c}{Q_g} \tag{2-6}$$

式中 Q_g——发生器从高温热源获取的热量，kW；

Q_e——蒸发器从低温热源获取的热量，kW；

Q_a——吸收器向中温热水放出的热量，kW；

Q_c——冷凝器向中温热水放出的热量，kW。

2.4.3 利用吸收式热泵供热方案

利用吸收式热泵供热方案设计图如图 2-14 所示。该方案以汽轮机中压缸打孔抽出的高温蒸汽作为吸收式热泵的驱动热源，同时从低温循环冷却水中获取部分低温余热，降低低温循环冷却水的温度，并以此加热热网回水，提升热网回水温度，从而满足城市热网的供热需求。如若需要更高温度的热水，则可以用抽汽作为尖峰加热器的热源，再次提高热水温度以满足更多的需求。利用吸收式热泵供热系统方案与传统直接抽汽供热方案相比，多利用了电厂循环冷却水的低温余热。同时因为该系统以汽轮机抽汽作为驱动热源，而不需要使用高品质的电能作为驱动，比利用压缩式热泵供热方案的能源利用效率更高，且运行成本更低，节能效果更显著，经济效益和社会效益更明显，符合国家的节能环保政策，具有良好的研究前景及使用价值。

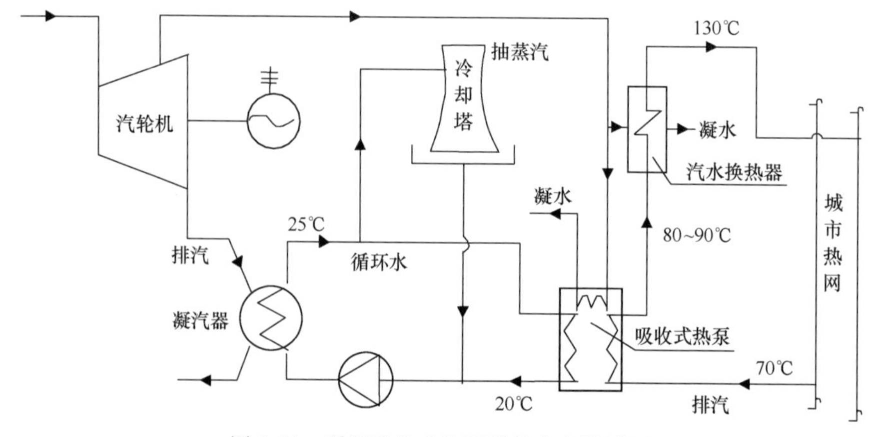

图 2-14 利用吸收式热泵供热方案设计图

1. 利用吸收式热泵供热方案与传统直接抽汽供热方案的对比

两种供热方案的对比如图 2-15～图 2-17 所示。在传统直接抽汽供热方案中，汽轮机的抽汽直接进入热网加热器来加热城市热网回水。而在利用吸收式热泵供热方案中，汽轮机的抽汽作为吸收式热泵的驱动热源，原来的热网加热器功能被吸收式热泵所代替。相比之下，吸收式热泵不仅利用了汽轮机带来的抽汽热量，同时还利用了电厂循环冷却水中的低温余热。因此，在相同的供热量情况下，可以降低汽轮机的抽汽流量，而在汽轮机抽汽流量不变的情况下，则可以提高整个供热系统的供热面积。其中，减少的汽轮机抽汽量和提高的供热面积可根据吸收式热泵的 *COP* 值的不同而有所变化。

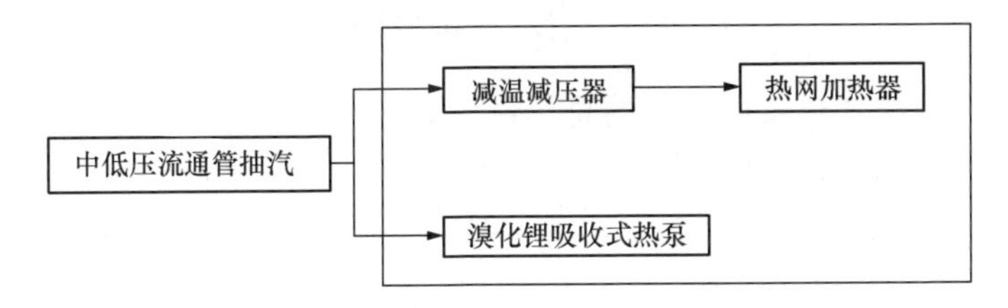

图 2-15　两种供热方案的汽轮机抽汽流程

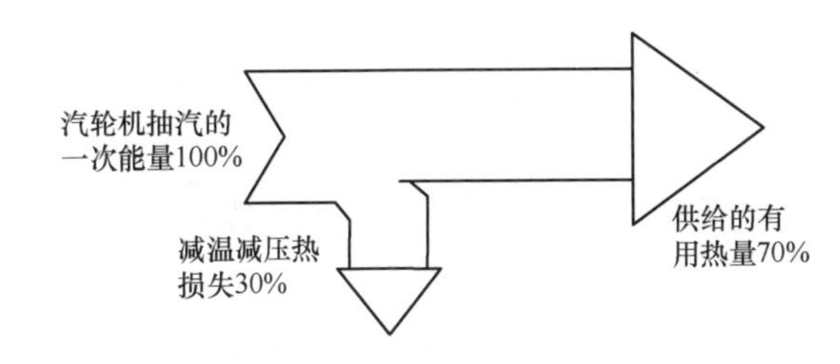

图 2-16　传统直接抽汽供热方案的能流图

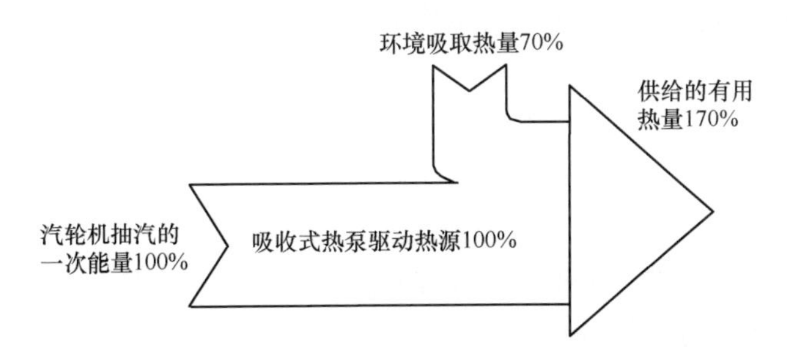

图 2-17　利用吸收式热泵供热方案的能流图

2. 利用吸收式热泵供热方案与压缩式热泵供热方案的对比

由于压缩式热泵以电力这种高品质能源作驱动，所以在研究利用吸收式热泵和压缩式热泵供热方案的能耗分析时，需要将二次能源电力的能效系数通过计算转变为在使用一次能源情况下的能效系数，并且依据国内目前发电机组的效率以及输电损失，一次能源转换为二次能源的能源利用效率为33%。而吸收式热泵是以汽轮机抽汽作为驱动，所以它的能源利用系数可以直接用一次能源利用量来计算。

吸收式热泵的一次能源利用效率为：

$$COP_x = \frac{Q_x}{W_x} \tag{2-7}$$

式中 Q_x——吸收式热泵所制取的总热量，kW；

W_x——吸收式热泵所消耗的汽轮机抽汽热量，kW。

而压缩式热泵的一次能源利用效率为：

$$COP_y = \frac{Q_y}{W_y} = 0.33COP_x \tag{2-8}$$

式中 Q_y——压缩式热泵所制取的总热量，kW；

W_y——压缩式热泵所消耗的驱动电能，kW。

由以上两公式可以看出，如果吸收式热泵和压缩式热泵在总制热量相同并且吸收式热泵能源消耗量和压缩式热泵电能消耗量相等的情况下，压缩式热泵的一次能源利用效率只有吸收式热泵的33%，由此可见吸收式热泵的节能潜力更大。

另外，吸收式热泵与压缩式热泵相比之下还具有一些其他优点：

(1) 吸收式热泵系统需要运动的部分少，所以具有噪声小、运行磨损小、节能潜力大的特点；

(2) 吸收式热泵由于只需要由热能作驱动而不需要电能作驱动，因此适应性更强，也可用废热或者低品质蒸汽作驱动；

(3) 吸收式热泵系统的 *COP* 在机组运转许可范围内变化较小，因此可靠性更强；

(4) 当吸收式热泵以溴化锂溶液作为工质时，无毒且环保。

2.5 本章小结

本章通过对空气源热泵、地源热泵、水源热泵和吸收式热泵系统的工作原理、优缺点、应用条件、工程应用等方面进行研究，得出在不同的情况下，选用不同形式的热泵进行采暖的优缺点。热泵作为一种由电力驱动的可再生能源设备，获取环境介质、余热中的低品位能量，提供可被利用的高品位热能，热泵每消耗1份能量，可以获得3倍甚至更多的热量，很大程度上提高了能源的利用效率。通过上海市上海中学新扩建教学楼工程实际情况，对其空气源热泵系统进行设计改进，提高了系统能效，节约了运行费用，同时降低了碳排放。

3　电直热采暖系统

近些年来，关于电地暖的研究主要集中在发热单元的更新和优化、电供暖与其他供暖方式的结合效果以及电供暖舒适度的研究上。目前电供暖的研究很少涉及将建筑的保温措施纳入供暖系统进行系统研究，特别是如何有效降低电供暖运行费用、提高人们节能行为等方面的研究更是较少。本章将供暖系统融入室内装饰，并采用装配式安装方式，降低了安装成本；将建筑内墙表面保温措施纳入供暖系统，为电供暖节能提供了行之有效的措施；供暖系统可快速安装，适用于北方城镇以及新农村建设中的新建建筑，也适用于既有建筑的节能改造工程，特别适合城镇煤改电工程，对于改善环境意义重大。

3.1　模块化发热地板采暖系统

3.1.1 模块化发热地板的组成和传热描述

模块化发热地板的组成从上到下依次为地面装饰层、发热层和保温层，如图 3-1所示。地面装饰层为 10～20mm 的瓷砖、大理石等装饰地面；发热层从上到下包括填充找平层和碳纤维发热线层，填充找平层采用 30mm 厚的 C15 豆石混凝土，能够均匀地加热整个面层，豆石粒径宜为 5～12mm，如地面荷载大于 20kN/m^2时，应会同结构设计人员采取相应措施，同时填充找平层能够保护碳纤维发热线，碳纤维发热线选用进口的 T800 级 12K 原丝；保温层从上到下为接地层、反射层和绝热层，厚度比值为 3∶1∶50，其中绝热层采用厚度大于 40mm、密度大于 33kg/m^3的 XPS 保温板，若采用其他隔热材料，可根据热阻相当的原则确定厚度。

模块化地板辐射采暖系统中，取暖系统的传热行为过程可描述如下：通过系统底部的面热源加热，辐射供暖的同时，由于电加热层下面设置了绝热保温层，所以整个地板系统的传热过程为，电热线通过电能转换为热能并以远红外辐射和对流的形式向上传热，通过找平层均匀传至地板层，地板层则通过对流换热和辐射换热与室内空气进行换热。对于室外热环境的影响，仅考虑室内外间的对流换热。

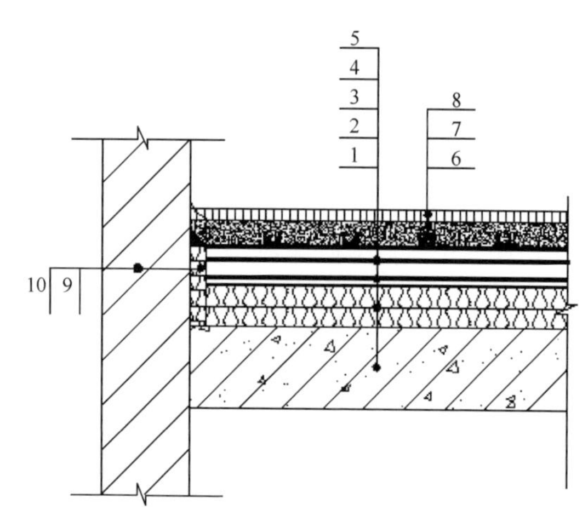

图 3-1　碳纤维系统结构示意图

1—地面；2—绝热层；3—反射层；4—接地网；5—卡钉；
6—碳纤维发热线；7—填充找平层；8—地面装饰层；
9—侧面绝热层；10—墙体

模块化发热地板中碳纤维发热线的电热性和热工性能对室内的采暖效果影响很大，现对日本东丽生产的碳纤维材料进行试验研究。

3.1.2　模块化发热地板的试验研究

近几年，碳纤维发热线普遍用于冬日取暖，碳纤维发热线凭借其高强度、高模量、耐高温、耐磨、抗疲劳、耐腐蚀、抗蠕变、导电和导热等诸多优异性能，迅速被大家接受及广泛应用。

1. 模块化发热地板碳纤维发热线的电热性能试验研究

不同型号的碳纤维的电热性能的试验研究主要包括：通过对不同型号的碳纤维进行电热试验，找出其电热升温规律及其与输入功率之间的关系；比较各种型号的碳纤维的电热升温效率，并从理论上给予解释；测定和分析碳纤维在电热过程中的电阻变化，得出电阻与温升之间的对应关系，此性质有望用于结构温度的识别与检测、为其在热工程中的应用提供依据。

（1）试验过程

试验中采用的原材料为日本东丽生产的单位面积质量分别为 15g/m^2、30g/m^2、50g/m^2 三种型号的碳纤维材料，其技术指标见表 3-1。

将其裁剪成 180mm×35mm 大小，电极由厚 0.1mm、宽 0.5mm 的焊有导线的铜片制成，试验中采用四电极法测量，里面两电极的距离为 120mm，用于测试电压；外面两电极的距离为 140mm，用于通电流。电源由一台 Keithley2400

数字源表提供，用铜/康铜热电偶感知碳纤维的温度，电压、电流、温度等试验数据由一台 Keithley2700 多功能数据采集仪器采集。用于试验的碳纤维放在平整的木板上，并将热电偶固定在碳纤维的表面。试验中对各种型号的碳纤维分别通以直流恒定电流，通电功率分别为 150W/m^2、300W/m^2 和 450W/m^2。试验中碳纤维的输入电功率分别为 0.63W、1.26W 和 1.89W。

表 3-1 碳纤维的技术指标

单位面积质量/(g/m^2)	纵向拉伸度/(N/50mm)	纤维直径/μm	密度/(kg/m^3)	纤维模量/GPa
15	≥15	6、7	75	207
30	≥25			
50	≥30			

(2)试验结果及分析

① 碳纤维的电热升温特性

图 3-2 所示为三种不同厚度的碳纤维分别在不同功率 150W/m^2、300W/m^2 和 450W/m^2 下的电热升温曲线，环境温度 23℃。

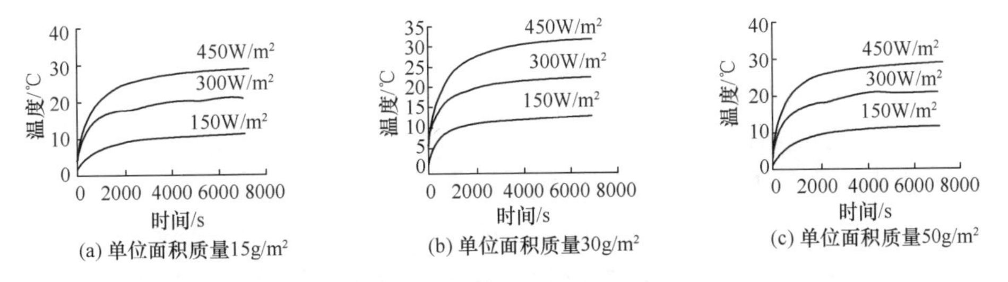

图 3-2 三种不同厚度的碳纤维在不同输入功率下的电热升温曲线

从图 3-2 中曲线可看出，碳纤维电热升温曲线单调递增。在通电初期，碳纤维的温度迅速上升，这是因为此期间的发热速率大于散热速率。随着碳纤维的温度上升，散热速率逐渐增大，以至于等于发热速率，使得温度曲线斜率逐渐减小，最后达到水平，此时，碳纤维的电热效应趋于稳定。输入功率不同，电热效应趋于稳定的时间略有不同，这是由于不同的输入功率引起的升温不同，使各试样的散热不尽相同所致。各条曲线的上升时间(温升达到稳定值的 90%的时间)大约在 2000s 附近。

② 碳纤维的电热效应理论分析

图 3-3 所示为三种不同厚度的碳纤维在不同输入功率下的电热稳定温升试验图，稳定温升与输入功率近似成正比。该结果有助于按温度要求选择输入功率的大小。从图中还可以看出，三种不同型号的碳纤维中，中厚的电热效率最高(相

同条件下相同输入功率时温升最大)，可达 0.07℃/(W·m^{-2})。

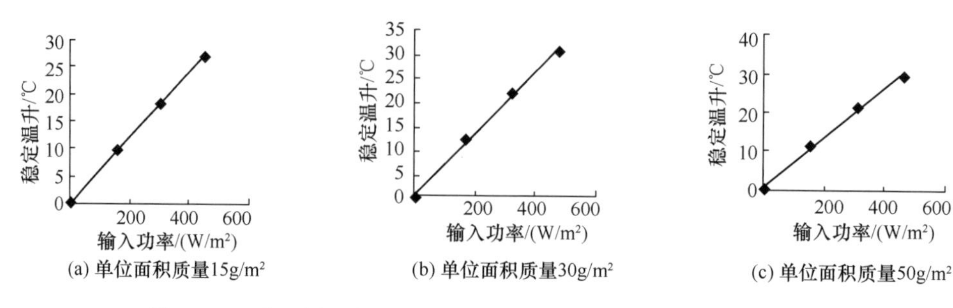

图 3-3 三种不同厚度的碳纤维在不同输入功率下的电热稳定温升

下面从理论上分析碳纤维在稳定输入功率下的电热温升规律。根据能量守恒定律，通电过程中碳纤维的发热量应等于散热量与蓄热量之和，即

$$dQ = dQ_s + dQ_x \tag{3-1}$$

式中 dQ——发热量的增量；

dQ_s——散热量的增量；

dQ_x——蓄热量的增量。

由于输入功率即发热功率为定值，则

$$dQ = P dt \tag{3-2}$$

式中 P——电输入功率，W；

t——通电时间，s。

并由牛顿公式导出，散热量的增量可表示成

$$dQ_s = K_r S \tau dt \tag{3-3}$$

式中 K_r——综合散热系数，集中反映热传导、对流和辐射对散热面的贡献；

S——试样表面散热面积，m^2；

τ——温度，K。

蓄热量的增量可表示成

$$dQ_x = cm dt \tag{3-4}$$

式中 c——碳纤维材料的热容量，J/℃；

m——试样质量，kg。

将式(3-1)～式(3-3)代入式(3-4)，可得

$$\frac{d\tau}{P - K_r S\tau} = \frac{dt}{cm} \tag{3-5}$$

解之得

$$\tau = \frac{P}{K_r}(1 - e^{-\frac{K_r S}{cm}}) \tag{3-6}$$

式(3-6)即碳纤维在稳定输入功率下的电热温升响应，其大小集中反映碳纤维的质量、比热容、散热面积及导热、对流系数的影响。值得一提的是，尽管各种型号的试样材料相同，但由于质量不同，纤维形成的导电网络不一，以上参数均有所不同。所以，比较各种型号试样的电热效率，最好依据相同条件下的电热试验结果。

式(3-6)中 K_r 应与环境温度、对流辐射条件及试样的温度有关，但由于试验中试样的温度变化不大，该系数可以看成是常数。所以，碳纤维的电热效应与输入功率成正比，与试验规律一致。

由式(3-6)可得到其上升时间为

$$t=\frac{cm}{K_rS}\ln 10 \tag{3-7}$$

与材料本身的性质及所处的温度和对流辐射环境有关。

图 3-4 表明，各碳纤维在电热升温过程中电阻有所降低，并且电阻与温升近似成线性关系。从图 3-4 的结果可以计算出，单位温升的电阻变化率要高，结果与前述发热功率相反，这是因为单位面积的碳纤维质量较小的缘故。随着温度的升高，碳纤维材料中的载流子浓度提高，导致其电阻率减小。碳纤维的温度-电阻效应(温敏效应)可用于结构的温度识别与检测，与其电热效应结合，可实现结构温度的自适应调节。

碳纤维在电热升温过程中的电阻变化如图 3-4 所示。

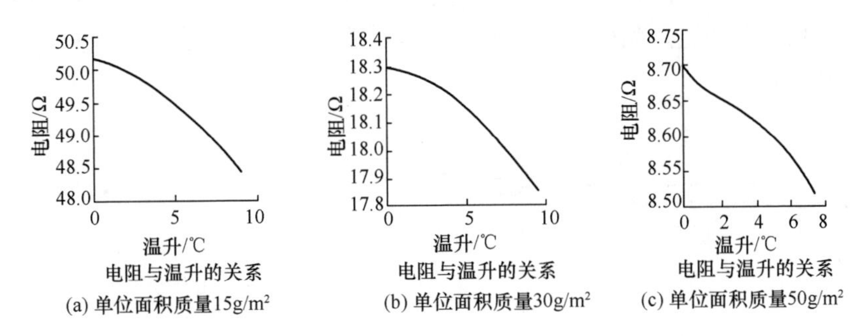

(a) 单位面积质量15g/m² (b) 单位面积质量30g/m² (c) 单位面积质量50g/m²

图 3-4 碳纤维在电热升温过程中的电阻变化

对几种不同型号的碳纤维进行了电热性能测定和分析。结果表明：碳纤维具有良好稳定的电热效应；不同型号的碳纤维的电热效率不同；在一定的升温范围，碳纤维的稳定温升与输入功率成正比；碳纤维具有温敏效应，随温度升高碳纤维的电阻率线性降低；温敏效应与电热效应结合，可望实现结构温度的自适应调节。

2. 模块化发热地板碳纤维发热线的热工性能试验研究

为了得到碳纤维电采暖的供热性能参数及热舒适性参数，本文进行了实验室测试。实验室测试结果表明围护结构性能达到国家节能建筑的要求，内部尺寸长、宽、高为3.6m×3.2m×2.4m；实验室采用风冷式空调机组，维持室内温度恒定。对室内进行了温度测点布置，采用测温热电偶、热流计、温度显示仪表、电压表、电流表、风速计、湿度测量仪表、电度表、温度计等仪器对室内温度分布进行了测定。

(1)测试方案

① 测试条件

测试环境是由制冷机进行模拟工况，通过空调机送冷风控制室内温度。测试分两种工况：升温过程和稳定工况。

② 碳纤维线的布置

实验室采用碳纤维发热线供暖系统，在实验室内进行满铺，发热线居中，相距四周围护结构约0.3m的距离，碳纤维发热线并联连接在电源线上，并在电源线上接上电流表、电压表及电度表，用以测量碳纤维线用的电能及消耗的功率。碳纤维线布置示意图如图3-5所示。

③ 测试温度点的布置

温度测点根据人体直立时的关键部位布置，包括地表面和距地0.05m、0.3m、1m、1.5m，每个水平面上布置7个测点。中心位置布置1个测点，长度方向由于距中心点热环境对称分布均匀，因此靠一侧布置两个测点；在实验室宽度方向按中心点对称布置4个测点。其中各个层面上对应的测点在同一垂线上，以测定垂直方向的空气温度梯度。温度测点布置如图3-6所示，图中圆点表示要布置的温度测定点。

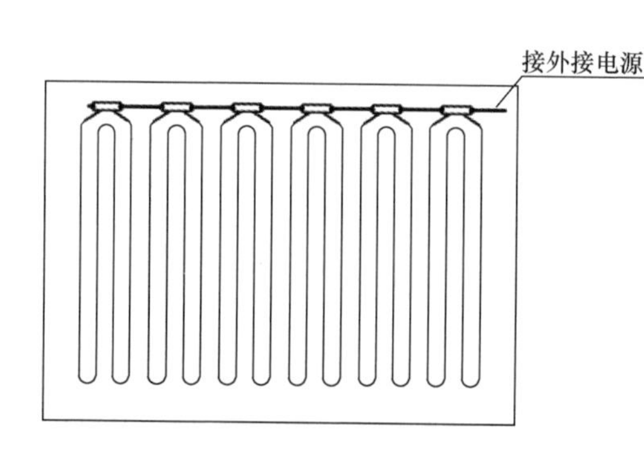

图3-5　碳纤维线布置示意图

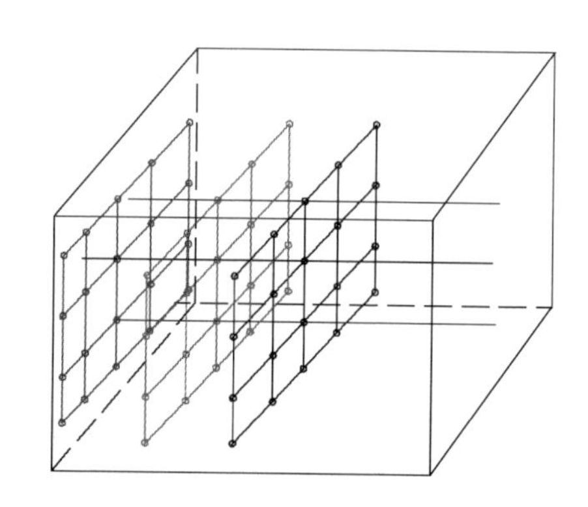

图3-6　温度测点布置

④ 测试方案

测试结果通过各测点的温度和热流密度的读数来反映。各设置测点的温度通过数据采集仪自动记录，并将记录数据保存后再读取。碳纤维电热板上下表面各布置热流密度计，热流片分别贴附于碳纤维电热板上下表面，以测试每块的热流密度。采用电脑控制系统对系统进行实时监控。测试系统的流程如图 3-7 所示。

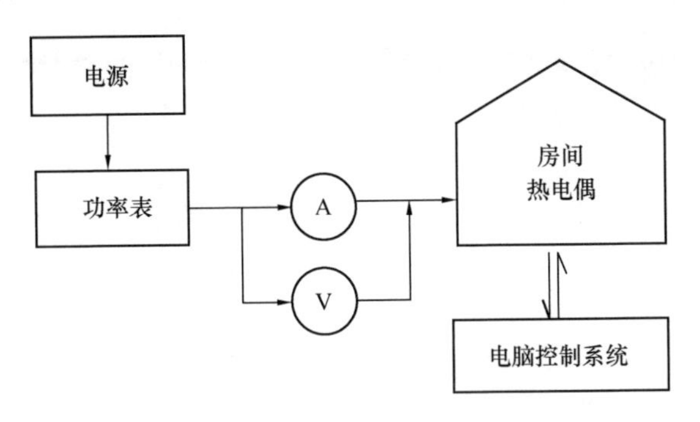

图 3-7　测试系统的流程

⑤ 测试步骤

a. 测试系统的预热：利用空调系统，使室内温度降低，直到室内温度达到最低温度 15℃，即达到一个工况，需要 3h。

b. 升温过程测试：停止空调系统，启动碳纤维电热板采暖系统，室内数据采集仪表自动记录，电脑控制系统实时监测，在室内温度升高到 20℃的过程中，每 5min 记录一次各测试仪表的读数。

c. 标准状况测试：当室内空气温度达到 20℃后，开启空调系统，使碳纤维发热线产生的热量被及时带走，系统达到新的平衡，室内空气达到一个采暖设计温度，维持这一标准状况，当电脑测试监控温度在 20℃左右并稳定后，进行读数。

（2）测试结果分析

实验室碳纤维线的布置如图 3-5 所示，均匀布置 6 根发热线，该房间加热功率为 900W。

① 碳纤维线功率测试变化

经测试，碳纤维线功率随时间的变化如图 3-8 所示。

由图 3-8 中可以看出，碳纤维线发热系统初始运行时功率波动比较大，但随时间延长呈波动减小趋势，并最终达到稳定。初始运行时，发热线功率有一段稳定增加的过程，是由于碳纤维发热线在受热的情况下，电阻随温度的缓慢升高又降低，当到达一定温度后电阻值趋于稳定。在测试过程中碳纤维发热系统经过一段时间后基本为定常耗功率，总平均耗功率为 905W。碳纤维发热系统在通电发热时属于稳定发热，没有出现过电压或者过电流现象。

② 碳纤维线表面温度变化

通过实时的测试，给出了碳纤维线在空气中表面温度随时间的变化情况，如图 3-9 所示。

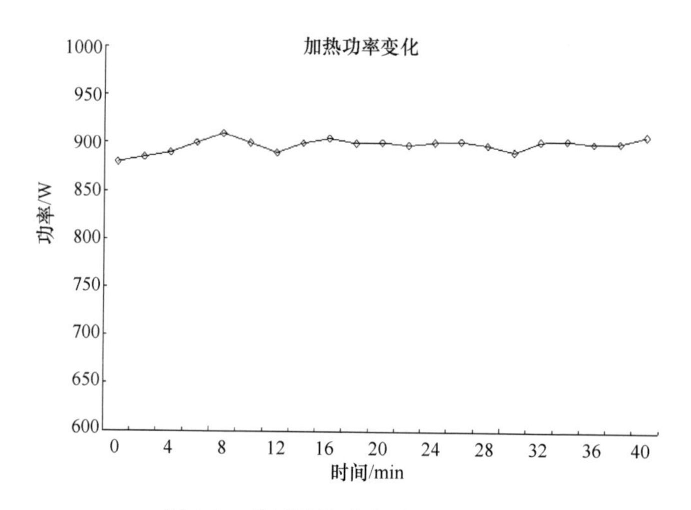

图 3-8 碳纤维线功率随时间的变化

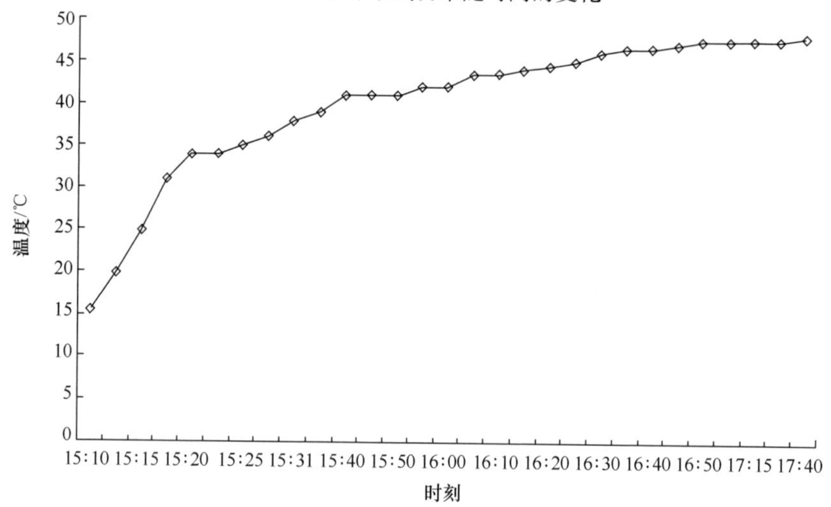

图 3-9 碳纤维线表面温度随时间的变化

碳纤维线是由三层防护层将碳纤维发热丝包裹而成，具有可靠的安全性。碳纤维丝在通电的情况下表面温度可高达上百摄氏度，由于防护层的作用，发热线表面温度降低到 40～60℃之间。图 3-9 给出了不同时刻碳纤维发热线在空气中的表面温度随通电时间的变化情况。图中 15：10 为初始时刻，碳纤维表面温度为 15℃，随着通电时间的增加，碳纤维线表面温度迅速增加，最大温升速率达到 2℃/min；之后温升趋于平缓，在测试过程中碳纤维发热线最后表面温度达到稳定，大约为 50℃。

③ 地板表面温度随时间的变化

试验过程中对发热系统地板表面温度进行了实时的测试，地板表面温度随时

间的变化情况如图 3-10 所示。

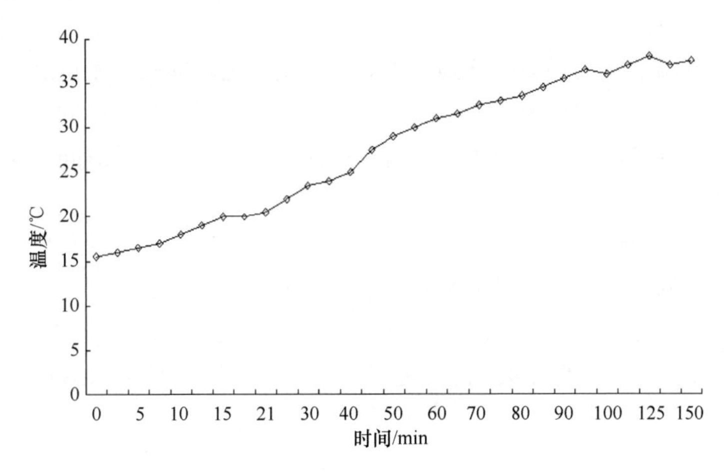

图 3-10 地板表面温度随时间的变化

从图中可以看出，地板初始温度为 15℃，通电后地板温度缓慢升高，在通电 40min 内地板表面温度升高了不到 10℃，这段时间内平均温升大约为 0.3℃/min；之后，地板温度持续上升，温升有增大趋势，在发热系统运行 150min 时，地板表面温度达到稳定。在通电初始阶段，由于地板及混凝土初始温度大约维持在 15℃，混凝土及地板本身有一定的蓄热能力，发热线首先要加热混凝土及地板，因此，地板表面温度随加热时间的增加温度上升较为缓慢。

④ 地面温度随时间的变化

本试验对地板及混凝土表面温度随加热时间的变化分别进行了测试，经测试对比发现混凝土温升比地板快，但最终达到平衡时温度是一致的。其具体温度变化如图 3-11 所示。

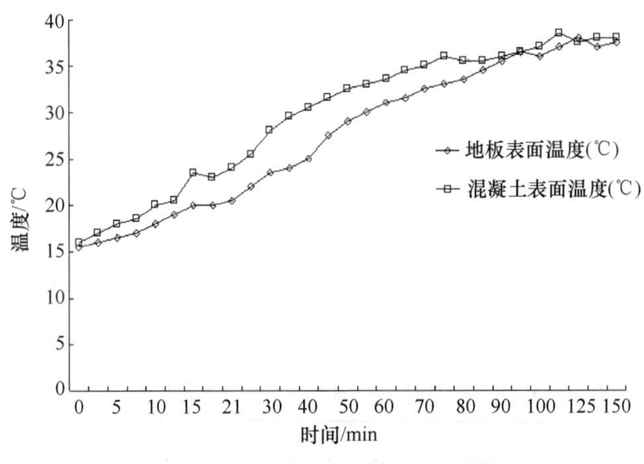

图 3-11 地面温度随时间的变化

由图 3-11 中可以看出，地板和混凝土地面初始表面温度都是 15℃，碳纤维线发热系统运行后，混凝土表面温升迅速，在通电后 60min 左右达到平衡温度；地板表面温度温升较为缓慢，达到室内温度平衡时的时间较混凝土表面将近延后半个小时。因此，大致认为，利用碳纤维线系统进行采暖时，不同地板面层材料对地面温度有一定的影响，会延迟室内温度达到最佳热适度的时间，但采暖效果大致是相同的。

⑤ 室内温度分布

室内温度的分布情况直接关系到采暖用户人员的热适度，因此，对于室内不同高度情况下温度分布趋势的测试研究是相当必要的。试验对距离地面 0.05m、0.3m、1.0m 及 1.5m 等高度的温度随时间变化的情况进行了归纳分析，其具体温度变化情况如图 3-12 所示。

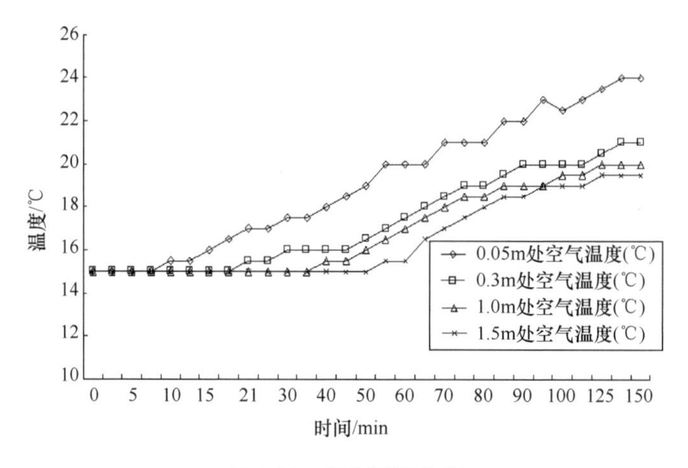

图 3-12　室内温度分布

由图 3-12 中可以看出，在垂直方向上离地面越近的水平层上，随时间的变化其温度率先增加，并且温度较其他水平层温度要高；0.05m 温度线在运行 8min 后，温度开始上升，其温度升高较快，在运行 150min 后温度达到稳定，约为 24℃；0.3m 温度线大约在 15min 后开始有上升趋势，在达到稳定后该水平层温度维持在 21℃左右；1.0m 处和 1.5m 处温度线温升较为迟缓，其温度变化平稳，两者之间的温差较小，加热系统运行 3h 后，其温度稳定在 18℃左右。由此可以看出，碳纤维发热线采暖系统各水平层温度不相同，离地面越近，温度相对越高，远离地面温度相对较低，采暖符合人体生理曲线需求。

3.1.3　不同装饰面模块化发热地板性能测试

模块化发热地板性能测试主要研究地面装饰层结构不同对模块化发热地板的

影响。本节主要研究地暖模块＋木地板和地暖模块＋地板装饰，装饰面的表面温度、发热线温度、两根发热线间铝板表面温度的变化情况。

1. 试验材料及设备

（1）发热线：150W ×3；（2）热电偶：30 根；（3）地暖模块：2 组；（4）挤塑板反射膜及钢丝网卡钉等（够一根发热线即可）；（5）素灰若干；（6）地板砖若干；（7）木地板；（8）漏电保护器一个；（9）安杰伦测温仪。

2. 试验方案

（1）将三组线按间距 120mm，两块挤塑板尺寸为 600mm×1200mm，分别铺设于测试框内，热电偶布置于相应的测点位置。布线工艺图如图 3-13 所示。

（2）分别记录发热线在通电之前各测点温度及通电后各测点温度；每隔 5min 读一次热电偶读数，一直记录到热电偶温度恒定不变后 2h。

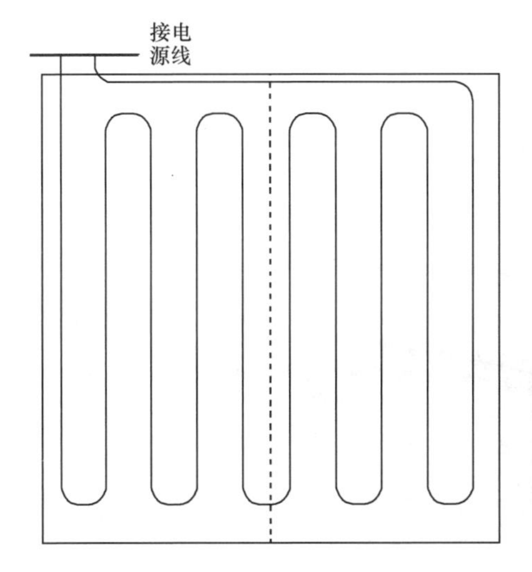

图 3-13　布线工艺图

3. 试验测试结果

（1）地暖模块＋木地板

地暖模块＋木地板进行测试时，测试时间为 80min，测试室内温度为 23℃。布线方式：一根碳纤维线布置在线间距 120mm、线槽 8mm 与线间距 100mm、线槽 10mm 的模块上。地暖专用木地板直接铺在模块上，现场测试如图 3-14 所示。

木地板表面温度取 3 个测点，分别为 102、104 和 106；发热线温度取 3 个测点，分别为 103、108 和 111；两铝板表面温度取 4 个测点，分别为 105、107、109 和 110。测试结果如图 3-15 所示。

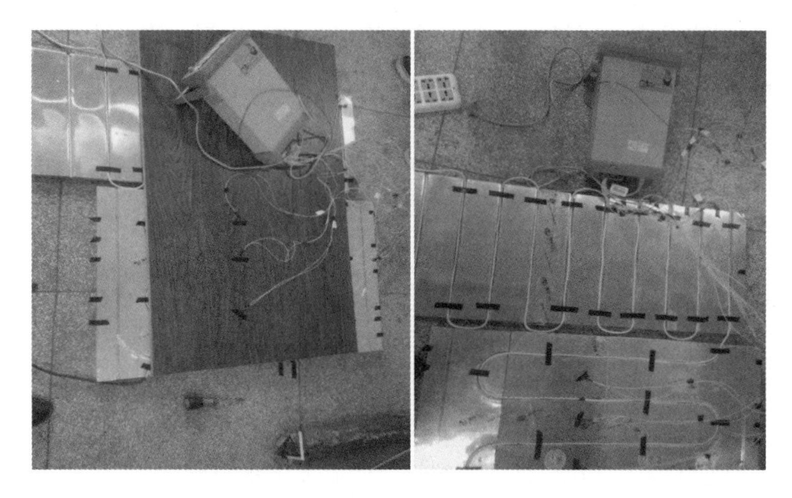

图 3-14　模块化地暖＋木地板现场测试

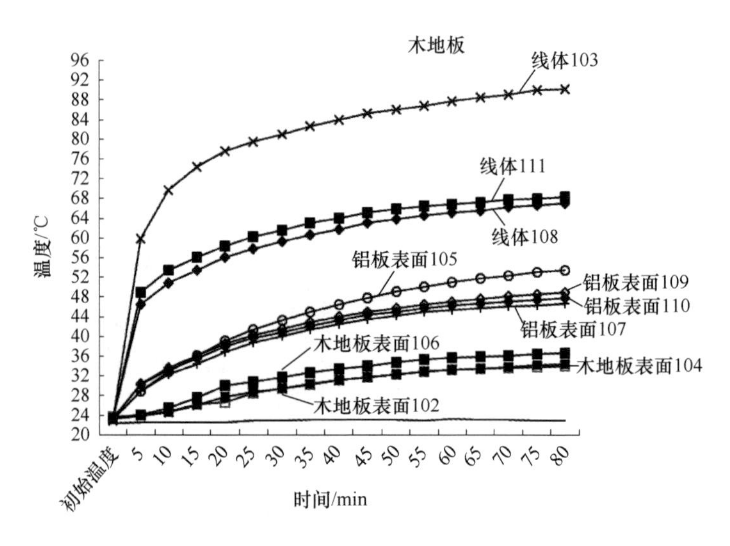

图 3-15　模块化地暖＋木地板测试结果

分析图 3-15 的测试结果变化曲线可知：

① 木地板表面温度测点 102、104、106 测试稳定后，地板表面温度在 30℃左右，测试温度为 23℃，由于测试温度较高，造成木地板表面温度测试结果偏高。

② 发热线温度测点 103、108 和 111，其中测点 103 测试的是 10mm 线槽的碳纤维线温度，测试时，每 5min 记录一次，通电前到通电 20min 左右，碳纤维线温度急剧增加，温度从初始测试温度达到 77℃左右，最高温度可达到 90℃。测点 111 和测点 108 测试的是 8mm 模块线槽碳纤维线温度，从曲线图可知，最

高温度可达68℃左右，比正常发热线温度稍微过高，但线槽越接近碳纤维线径温度越低。

由此可知，覆盖层为木地板时，线槽过大，会造成碳纤维线温度过高，10mm线槽的碳纤维线和8mm模块线槽碳纤维线温度在相同测试条件下，最高温度差为22℃左右。模块线槽应与线径一致，热量才能迅速导出，不会造成碳纤维线温度过高。

③ 模块铝板表面温度测点105、107、109、110随着时间的增加，均温在42℃左右基本趋于稳定，铝板均热性良好。

（2）地暖模块＋素土＋地板砖

地暖模块＋素土＋地板砖进行测试时，测试时间为170min，测试室内温度为23℃。布线方式：一根碳纤维线布置在线间距120mm、线槽8mm与线间距100mm、线槽10mm的模块上。地板砖采用2cm素灰与地暖模块进行连接。

地板砖表面温度取3个测点，分别为102、104和106；发热线温度取3个测点，分别为103、108和111；两铝板表面温度取4个测点，分别为105、107、109和110。测试结果如图3-16所示。

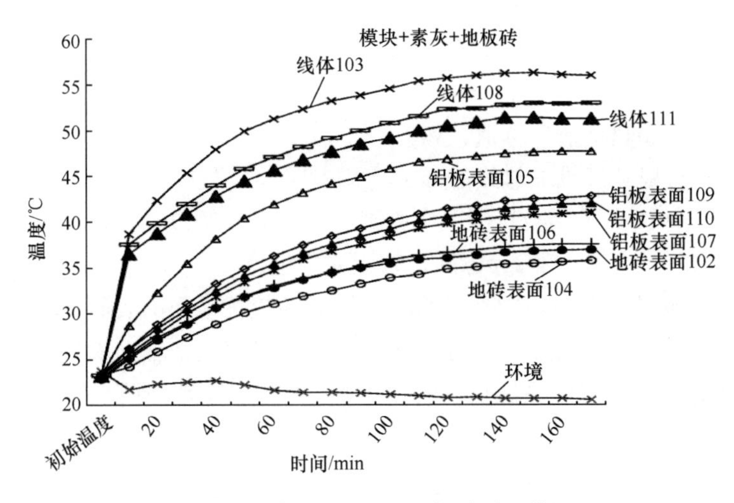

图3-16　模块化地板＋地板砖测试结果

分析图3-16的测试结果变化曲线可知：

① 地板砖表面温度测点102、104、106，由于素灰吸热性能好，测试稳定后，地板表面温度在37℃左右，地砖导热性好。

② 发热线温度测点103、108和111，其中测点103测试的是10mm线槽的碳纤维线温度，测试时，每10min记录一次，通电前60min左右，碳纤维线温度从初始测试温度达到51℃左右，最高温度可达到56℃。测点111和测点108

测试的是 8mm 模块线槽碳纤维线温度，最高温度可达 53℃左右，比正常发热线温度稍微过高，但线槽越接近碳纤维线径温度越低。

由此可知，当采用素灰和地板砖覆盖在地暖模块上时，由于素灰土吸热性能和地板的传热性能较好，10mm 线槽的碳纤维线和 8mm 线槽碳纤维线的最高温度差不大，大约为 3℃。

③ 模块铝板表面温度测点 105、107、109、110 随着时间的增加，均温在 42℃左右基本趋于稳定，铝板均热性良好。

通过对木地板和地板砖装饰面的模块化发热地板性能测试可知，地板砖由于其导热性能较好，地板表面温度满足设计要求。对于木地板，线槽宽度不同对发热线表面温度影响较大；对于素土和地板砖的装饰面，当线槽宽度不同时，对发热线表面温度影响不大。不同装饰面的模块化发热地板，模块铝板表面温度均温为 42℃左右时基本趋于稳定。

3.1.4 模块化发热地板辐射供暖设计

（1）计算全地面辐射供暖系统的热负荷时，室内计算温度的取值应比对流采暖系统的室内计算温度低 2℃，或取对流采暖系统计算总负荷的 90%～95%。

（2）房间内安装碳纤维电热线数按式（3-8）计算：

$$N=(1.3\sim1.5)P/P_{\mathrm{m}} \tag{3-8}$$

式中 P——房间热负荷计算值，W；

P_{m}——每根碳纤维电热线的额定功率，W。

碳纤维电热线片数小数点的取舍原则：舍去的碳纤维电热线块数宜以由此造成的室温偏差不大于 1～2℃为标准，否则应进位。

（3）确定安装碳纤维电热线的数量时，必须校核地面的表面平均温度，确保其不高于最高限值；否则应改善建筑热工性能或设置其他辅助供暖设备，减少碳纤维电热线地板辐射供暖系统负担的热负荷。t_{pj}与单位地面面积所需散热量之间近似关系为：

$$t_{\mathrm{pj}}=t_{\mathrm{n}}+9.82\times\left(\frac{q_{\mathrm{x}}}{100}\right)^{0.969} \tag{3-9}$$

式中 t_{pj}——地表面平均温度，℃；

t_{n}——室内计算温度，℃；

q_{x}——单位地面面积所需散热量，W/m²。

3.1.5 模块化发热地板施工

1. 一般规定

（1）承担碳纤维电热线地板辐射供暖工程的施工企业应具备相应的资质；施

工现场应建立相应的质量管理体系、施工质量控制和检验制度，具有相应的施工技术标准。

（2）碳纤维电热线安装工程采用的主要材料、半成品、成品、器具和设备应进行现场验收。

（3）碳纤维电热线地板辐射供暖系统安装施工包括绝热层、反射层、接地网、碳纤维电热线、填充找平层及面层的安装工程。

2. 材料质量要求

（1）碳纤维电热线的性能指标应符合下列规定：

① 碳纤维电热线在工作温度下应能承受交流 50Hz、3750V、历时 1min 的电气强度测试；

② 碳纤维电热线在工作温度下的泄漏电流≤0.75mA；

③ 碳纤维电热线法向全发射率≥0.83；

④ 当电源电压波动±10%时，碳纤维电热线应能正常工作；

⑤ 碳纤维电热线辐射波长范围 5～15μm；

⑥ 碳纤维电热线在规定条件下，达到稳定状态时其发热面最高与最低温度的差值≤10℃；

⑦ 碳纤维电热线的输入功率偏差±10%。

（2）绝热材料应采用导热系数小、难燃或不燃、具有足够承载能力的材料，且不宜含有殖菌源，不得有散发异味及可能危害健康的挥发物。

（3）所用导线、温控器、漏电保护断路器、开关等电气材料应符合现行有关标准规定，应有国家认证认可的“3C”认证证书和标志，应有产品合格证。

（4）碳纤维电热线应符合国家相关部门批准的产品标准的规定，且应具有产品合格证；应进行进场检验；在运输途中应无损坏，型号、规格、质量应符合设计要求。

（5）钢丝网的线径、网距和材质必须符合设计要求。

3. 模块化发热地板的施工

经过多年对电采暖的分析研究，结合丰富的施工经验及对电采暖能耗、采暖效果的实际分析验证，本文采用电地暖模块与装饰功能墙面相结合的方法进行试验研究。电地暖模块（干式地暖）铺装与传统的地暖铺装不同，目前市场上主流的模块地暖主要是由三层联体结构组成：面层铝板、中间层地暖反射布和底层高密度环保挤塑板。产品实物如图 3-17 所示。产品示意图如图 3-18 所示。

该产品承压强度达到 20t/m^2，产品厚度为 35mm，偏差控制在 3mm 以内，铝板厚度为 0.25mm，有利于保护发热线。地暖模块尺寸为 35mm×600mm×1800mm，线槽之间间距为 100mm，线槽直径为 8mm（可以根据碳纤维发热线

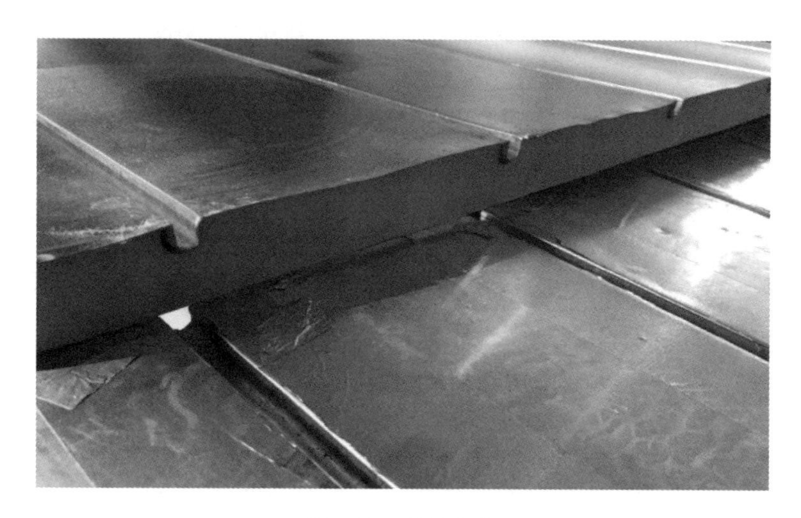

图 3-17　产品实物

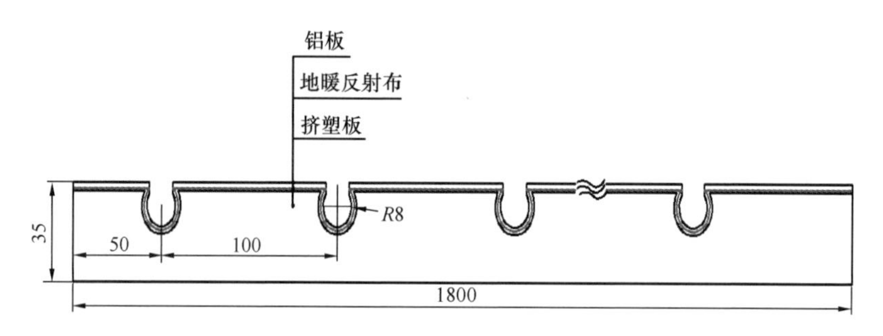

图 3-18　产品示意图

及铺装功率定制线槽间距与线槽直径）。

预制模块的沟槽设计既能符合电热线的铺装间距技术要求，又能很好地将电热线固定，模块下层由若干卡板构成，卡板上每隔 100mm 或者 50mm 设置卡线槽，系统安装时，卡板与碳纤维发热线垂直布设，且卡板的间距为 300mm。沟槽与面层、各模块间的交错连接，通过预制卡扣进行阴阳连接，各卡扣的预留位置要能满足各种常见现场的铺装要求。

选用电地暖模块进行安装具有很大的优势。与传统的湿式安装相比，模块化地暖不仅能降低建设成本，在提高施工速度的前提下，还能节约施工成本，同时能迅速改善室内热湿环境，满足人们采暖需求。其具体优势有以下几点：

（1）分户计量，节能省钱

模块化干式电地暖采用金属导热材料，可以起到快速均热的作用，使热能迅速向室内反射，20min 左右可使室温由 10℃上升到 18℃。无人时可以低温或关闭，适合分室分温控制。

（2）安装简单，维修方便

地暖采用标准化模块组装，可重复拆装且维修方便。与传统湿式地暖的最大不同点是：标准化模块地暖能保证地面热辐射量的平衡，施工完后即可装修，不误工期，不出现鼓胀开裂现象。

（3）减轻楼层承重，增加楼层空间高度

超薄技术设计，比湿式地暖增加室内层高 40mm，每平方米的质量仅为 8kg 以下，施工约 15 层的恒温地暖，相当于一层传统湿式地暖的质量。这极大地降低投资成本，减少楼盘自身承重。

4. 碳纤维电热线采暖系统的检验和调试

碳纤维电热线地板辐射供暖工程施工质量应符合现行河北省地方标准《碳纤维电热地面辐射供暖技术规程》［DB13（J）153］的规定；碳纤维电热线安装后，不允许有扭曲和褶皱处；严格检查禁止穿孔区是否有孔、发热区是否有划痕等。碳纤维发热线系统应进行直流电阻测量，每个房间都应用 2.5 级数字式万用表测量碳纤维电热线的直流电阻值；测量直流电阻时，应在碳纤维电热线安装后测一次，填充找平层施工完毕后再测一次。当直流电阻值高于计算值较多时，应检查电路是否开路；直流电阻值低于计算值较多时，应检查是否有短路。排除故障后，应重新进行测量；测量的电阻值应根据现行河北省地方标准《碳纤维电热地面辐射供暖技术规程》［DB13（J）153］中额定电阻的计算方法进行核实，确保在误差范围内。

碳纤维电热线地板辐射供暖系统应经过调试后，符合要求时才能运行使用。在进行运行调试时，应保证正常供电。碳纤维电热线地板辐射供暖系统初始通电加热时，应控制室温平缓上升，直至达到设计要求。其温控器及感温装置应测量在房间中央离地 1.5m 处的温度。

3.2 功能装饰墙面采暖系统

在节能压力日益增大、城镇化发展与供暖能力间矛盾日益突出的今天，电供暖作为一种补充供暖方式表现出极强的生命力。如何降低电供暖运行费用、降低电供暖对网络所造成的负荷压力，成为电供暖推广的技术关键。新型高效节能材料的推广使用是一种从根本上大幅减少能耗的有效且直接的途径。

功能装饰墙面通过高效隔热及热反射特性能够有效降低室内热量损失。功能装饰墙面与电供暖相结合，使得电供暖的调节变得更加机动，使其实现真正意义上的“单户可控，恒温可调”，有助于促进居民的行为节能。此外，功能装饰墙面对太阳能等其他绿色能源供暖方式同样有效，对夏季空调用能也具有明显的节能效果。

3.2.1 功能装饰墙面保温原理及施工

1. 功能装饰墙面的组成

功能装饰墙面有别于一般的内保温材料，是近年来随着装饰材料生产技术发展而出现的一类产品。保温型装饰墙面是一种室内定型装饰材料，它集装饰与保温于一身，具有快速安装的特点，符合建筑装配化发展趋势。功能型装饰墙面的出现将室内装修从现场施工发展为现场装配。功能型装饰墙面具有保温、隔热、隔声、防火、超强硬度、防水、防潮、绿色环保、安装便利、易擦洗、不变形、时尚、节约空间等特点。

功能装饰墙面由内到外分为三部分：铝膜防护层、功能材料填充层和合金复合层。铝膜防护层的设置主要是起到防潮的作用，保护功能材料填充层处于良好的环境，避免虫鼠破坏。功能材料填充层是功能装饰墙面最主要的部分。该部分需要选择导热系数低的物质，且需要保证该种材料燃烧性能满足建筑装饰防火等级的要求。本文选用聚氨酯保温材料，该材质保温、防水、耐老化，能有效防止湿气以及其他多种腐蚀性液体、气体的渗透，防止微生物的滋生和发展。合金复合层要求具有一定的强度，保护功能填充材料的同时，有利于图案的覆膜或滚涂。装饰墙面实物如图 3-19 所示。

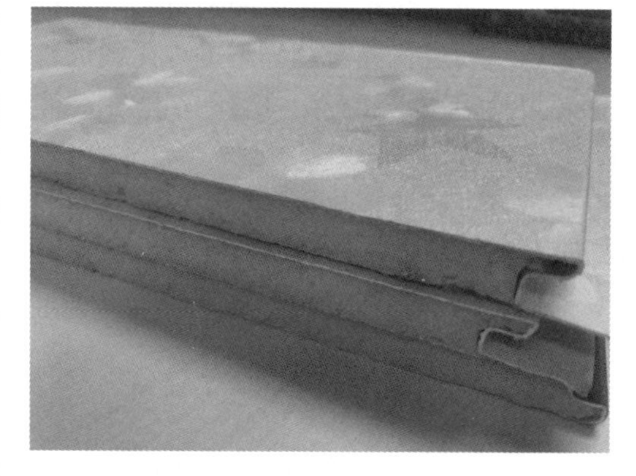

图 3-19　装饰墙面实物

2. 功能装饰墙面的保温材料及保温原理

(1) 聚氨酯板层

目前我国建筑节能水平与发达国家相比仍有较大差距，我国房屋单位面积供暖能耗是全球气候条件相近发达国家能耗的两到三倍，全国建筑能耗占据全国能源消耗的 30%左右，因此建筑节能对我国节能工作意义重大。在节能建筑的建造过程中，建筑材料的正确选择是一项至关重要的工作，决定着建筑的能耗和能源利用效率。

聚氨酯保温材料是一种新型绿色建筑材料，聚氨酯泡沫近几年受到大家的普遍关注，它由异氰酸酯和多元醇化合物为单体进行聚合反应所制备，反应过程中产生的二氧化碳气体作为发泡剂生成结构致密的微孔泡沫体。

聚氨酯泡沫主要分为硬质聚氨酯泡沫、软质聚氨酯泡沫和半硬质聚氨酯泡沫。硬质聚氨酯泡沫具有质量轻、导热系数小、耐热性好、耐老化、容易与其他基材黏结、燃烧不产生熔滴等优异性能。软质聚氨酯泡沫为开孔结构，具有质量轻、透气和回弹性好等特性。半硬质聚氨酯泡沫是硬度处在软泡与硬泡之间的一种开孔型聚氨酯泡沫，具有较高的压缩负荷值。

与传统建筑材料相比，聚氨酯泡沫具备优异的保温效果、强防火性、强耐水性和力学性能稳定等多方面的优势，可以通过现场浇注或喷涂的方式形成连续保温层，在建筑外墙、屋顶、地板、门窗和供热管网等获得了广泛应用。在欧美国家，硬质聚氨酯泡沫作为保温隔热材料已得到广泛应用。目前，欧美等工业发达国家的建筑保温材料中约有49%为聚氨酯材料，而在我国这一比例尚不足10%。

（2）铝膜防护层

随着经济的飞速发展，全球对能源的需求日益增大，据美国国家标准与技术研究院推测，到2040年，全球能源需求将增长40%。低碳经济、绿色环保日益成为社会发展的主旋律，世界各国在致力于开发绿色新能源的同时，节能减排也成为重点关注的问题之一。

热辐射对热量的传递具有重要影响。铝箔具有很小的辐射系数和良好的反辐射能力，能有效降低热辐射。早在20世纪50年代，美国等国家就将其作为建筑及工业用保温材料使用。反射型保温材料主要是铝箔反射保温材料，有些国家常将带空气间层的铝箔反射材料用于核电站的设备和管道保温。随着中国核电工业的发展，铝箔反射保温材料在电力建设中的应用也越来越广泛。

王洲等人对铝箔防水卷材的热工性能进行理论分析发现，铝箔面防水卷材是一种很好的保温隔热建筑材料，其热工性能比普通防水卷材更好。苏高辉等人研究了铝箔对管道保温层隔热性能的影响，结果表明，当铝箔亮面朝外进行包裹时，散热量减少了约9%。

（3）合金复合层

合金复合层可采用铝合金复合层。当今世界上，应用最为广泛、最常用的工业金属之一就是铝。它已经用于交通、建筑业等行业中，已应用在汽车、飞机等交通工具中。由于铝及铝合金具有耐腐蚀和优美的外观等特点，它们作为装饰材料在建筑业中被广泛使用。

复合材料对现代科学技术的发展起到重要作用，推动了现代科学技术的不断进步。金属基复合材料以其耐高温、耐磨损、导电导热性好等一系列优点广泛应用在多个领域。由于铝质量轻、密度小、可塑性好，因此适合用于复合材料的制作。合金填充层可有效阻断任何可见光及微波能量向外传递。

3. 功能装饰墙面的施工

施工顺序：先顶后墙，先板后线，自下而上，从外往里。

先顶后墙：安装吊顶再安装墙面。安装吊顶时需要先固定好龙骨；在墙面安装第一块装饰墙面时需先用钢钉固定在墙面上，以后每安装一块，一边扣在前一块装饰墙面上，另一边用钢钉固定。安装时要注意整体的画面设计，需先分格弹线，根据预先设计好的图纸进行安装。如遇到插座位置，需要预先留好插座口。

先板后线：先安装主要的板材，再安装线条，先大面积安装，再处理转角、收边等细节。如果遇到立柱，可采用背面开槽的方法将立柱包住。

自下而上：安装墙面时，需要先从墙底开始安装，逐渐往上增加，直到安装完整个墙面。

从外往里：按从房间进门的墙面开始往里的顺序安装，这是因为安装到最后部分需要切割，从外往里安装更加美观。

3.2.2　功能装饰墙面对墙体传热特性的影响

1. 功能装饰墙面热工指标

功能装饰墙面主要是在墙体的内表面进行设置，进而减少墙体热量的损失。现场墙面安装如图 3-20 所示，墙体结构及热工指标见表 3-2。

图 3-20　现场墙面安装

表 3-2　墙体结构及热工指标

材料名称（由内到外）	无功能装饰墙面			有功能装饰墙面		
	厚度/mm	导热系数/[W/(m·K)]	密度/(kg/m³)	厚度/mm	导热系数/[W/(m·K)]	密度/(kg/m³)
石灰砂浆	20	0.8	1600	20	0.8	1600
聚氨酯板层	—	—	—	10	0.02	36

续表

材料名称（由内到外）	无功能装饰墙面			有功能装饰墙面		
	厚度/mm	导热系数/[W/(m·K)]	密度/（kg/m³）	厚度/mm	导热系数/[W/(m·K)]	密度/（kg/m³）
纳米反射层	—	—	—	1.0	0.015	34
钢筋混凝土	200	1.7	2500	200	1.7	2500
XPS 保温板	75	0.03	30	75	0.03	30
水泥砂浆	10	0.91	1800	10	0.91	1800

2. 功能装饰墙面传热特性测试

本节主要测试墙体内表面温度和热流密度。热流密度的测量在建筑环境的现场测试中具有重要地位，通过测量热流密度以检测围护结构的热损失、热物性参数以及供热、供冷过程中流体输送的热流，从而分析建筑物实际运行的能耗状况，为调节室内热舒适性等提供条件。

热流密度采用热流计进行测量，测量前将温度梯度型的热流测头粘贴在材料表面，直接测出散热的热流密度。热流传感器以表面粘贴法安装时，热流计必须紧贴壁面，不能留有空气层并与所测壁面平齐；如果热流计暴露于空气中，则其表面情况应处理得与所测壁面具有一样的颜色、黑度等。

为了更加形象地验证功能装饰墙面的效果，选择某房间的 3 号墙体增设功能装饰墙面，分别测试在有、无功能装饰墙面的情况下，18℃室温作用于初始温度为 10℃的冷墙的温度和热流密度随时间的变化情况，测试结果如图 3-21 和图 3-22 所示。

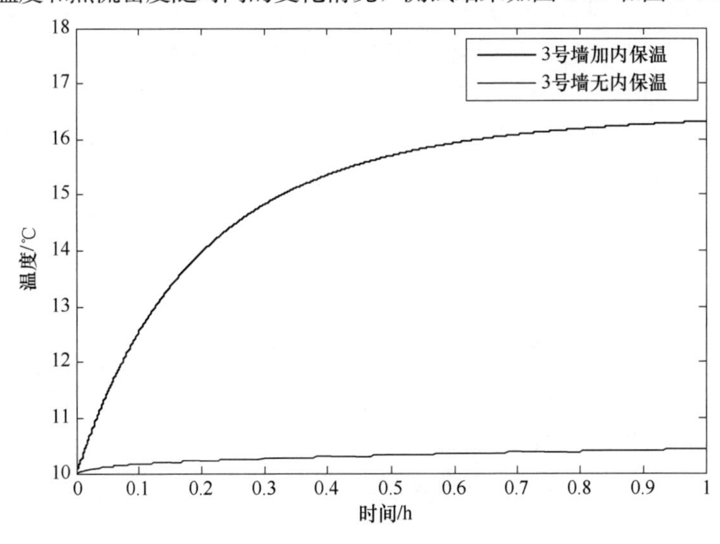

图 3-21　温度随时间变化曲线

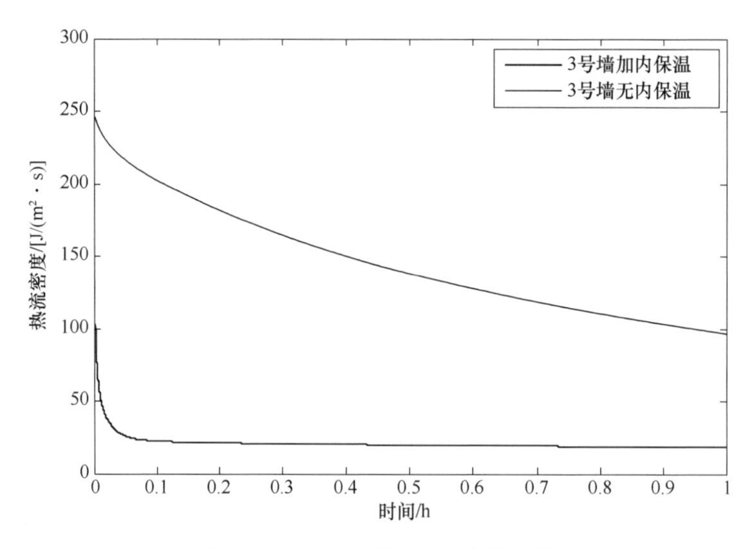

图 3-22　热流密度随时间变化曲线

分析图 3-21 可知，增设功能装饰墙面的墙体，在原来 10℃的冷墙的基础上升温至 16.5℃左右；没有增设功能装饰墙面的墙体，在原来 10℃的冷墙的基础上升温至 10.5℃左右。

从图 3-22 可以看出，增设功能装饰墙面的墙体，刚开始 0.05h 之内热流密度速率下降较快，之后随着时间的变化，基本呈直线状态，变化很小，1h 之内大约下降 $75J/m^2$；没有增设功能装饰墙面的墙体，热流密度速率一直呈下降趋势，1h 之内大约下降 $125J/m^2$。

综上所述可知，增设了功能装饰墙面的墙体内表面升温速率明显增快；热流密度迅速降至一个较低的稳态热流。功能装饰墙面的引入，可以有效地将热量锁定在室内，并且借助其超低的热容，能够快速升温，使得室内作用温度快速提高。功能装饰墙面的引入，有助于进一步提高系统的机动性，使系统真正做到即开即热，温度可调，单室可控，可以充分发挥行为节能的效果。

3.2.3　功能装饰墙面应用测试

1. 测试基础条件

本试验为一栋 12 层的剪力墙结构房屋，2007 年进行竣工验收。该栋建筑采用的集中供热模式，符合国家“三步”节能的标准，选择第 11 层中间用户的某一向阳房间进行测试，对比房间为另一栋楼上与该户型相同的同位置房间，建筑面积均为 $100m^2$，其他房间正常供暖。

2. 能耗分析

为了能够直观地体现出速热电供暖的优越性，对相同房间进行了对比试验。

该试验综合测试发热线温度、地板表面温度、室外温度及室内温度。为了准确把握温度变化情况，测试试验每隔 30s 进行一次数据记录。

（1）无功能装饰性墙面的测试

当室内温度在 21℃左右时，无功能装饰性墙面的测试曲线如图 3-23 和图 3-24 所示。

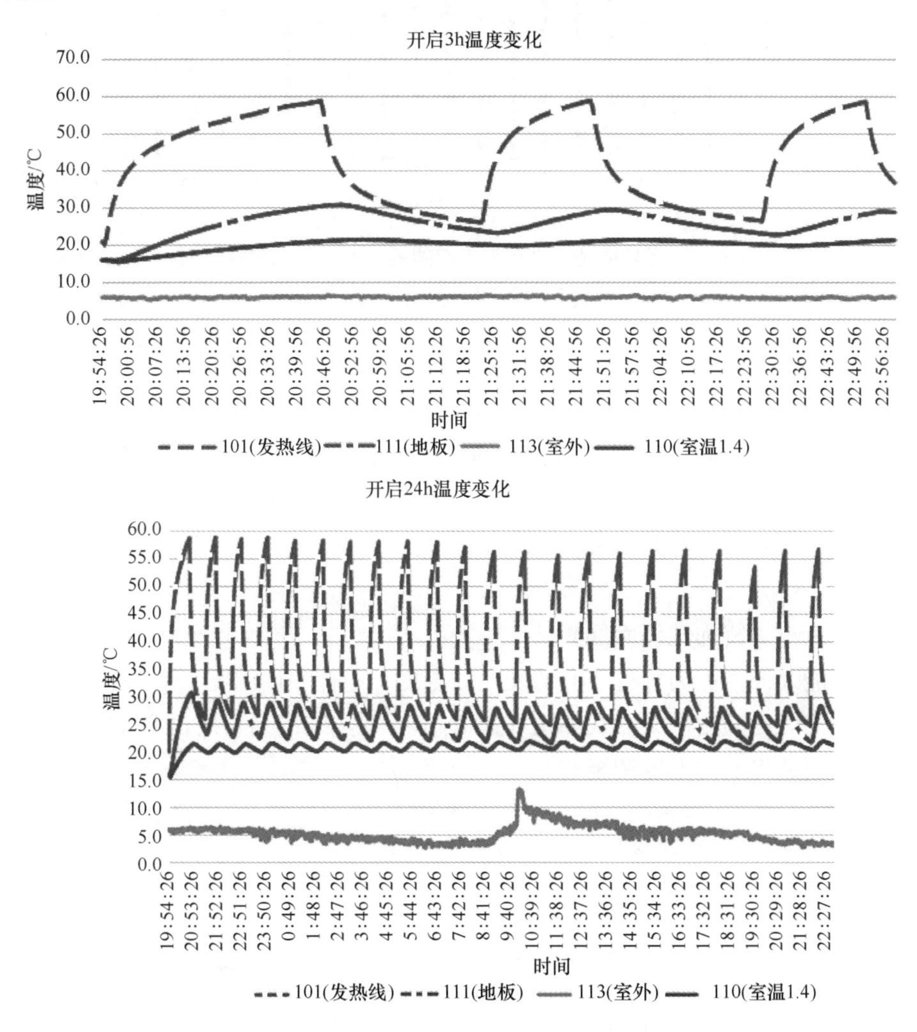

图 3-23 无功能装饰性墙面的测试曲线

分析图 3-23 和图 3-24 可知：

① 室温由 15℃上升至 21℃时需要的时间较长，约为 50min，之后维持室内温度恒定。

② 发热线开启时间及维持时间逐渐增大。经计算，24h 内，开启累计时间

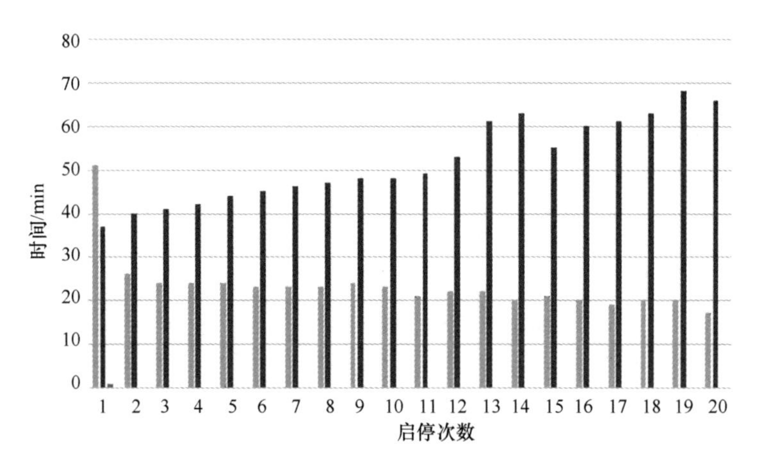

图 3-24　无功能装饰性墙面发热线的 24h 内开启/维持时间
（左侧为开启时间，右侧为维持时间）

约为 467min，维持室内温度恒定时间约为 973min。

③ 在 24h 的测试时间内，室内温度在 20.5℃左右波动，室内温度恒定。该测试时间内地板表面温度随着发热线的启停在 25℃上下波动。在维持室内温度 21℃的前提下，发热线工作频率几乎不受外界影响，大约每小时开启一次，开启后每次工作时间大约为 20min，保持室温在 20～21℃范围内，停止工作时间大约为 45min。

（2）有功能装饰性墙面的测试

有功能装饰性墙面运行 24h 的发热线温度、地板表面温度、室外温度、室内温度、装饰墙面温度测试曲线如图 3-25 所示，发热线的启停时间比如图 3-26 所示。本次测试将室内温度调至 21℃。

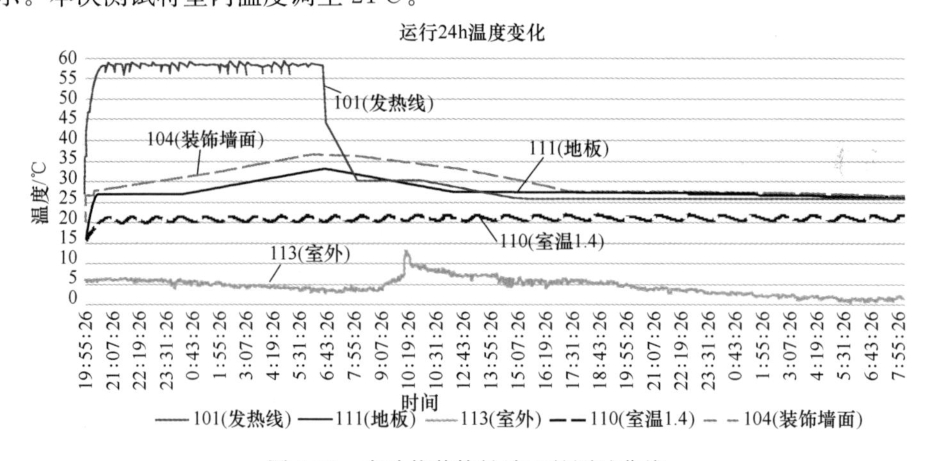

图 3-25　有功能装饰性墙面的测试曲线

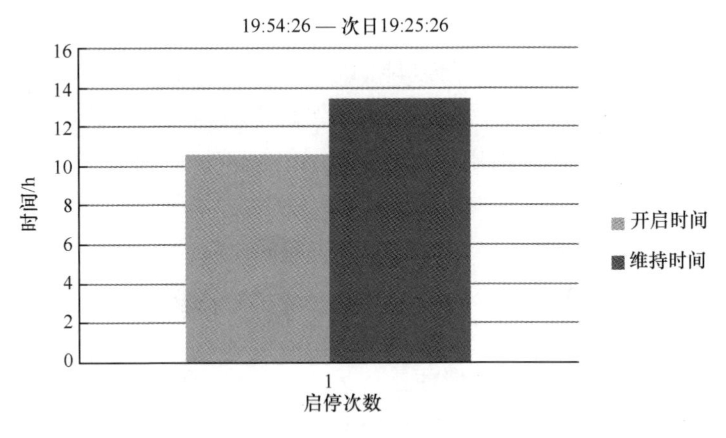

图 3-26 发热线的启停时间比

分析图 3-25 和图 3-26 可以看出：

① 晚上 20：00 左右开始加热，室内温度由 15℃上升至 21℃时大约需要 50min。

② 发热线从开启以后一直工作，直到室温达到 24℃后停止加热，此时发热线已经工作大约 630min，发热线最高温度为 58℃左右。

③ 装饰功能墙面内表面温度开始逐渐上升，然后在一段时间内开始稳定不变，随后继续缓慢上升。地板表面温度的变化曲线与装饰功能墙面内表面温度大致相同。这是由于装饰功能墙面具有一定的保温和蓄热性能，导致上升一段时间后逐渐趋于平稳。在整个测试过程中地板表面温度未出现波动情况，从而使室内温度场分布均匀。

④ 室内地板表面温度最高上升至 32℃，整个过程中没出现明显的波动，室内热环境稳定。

通过对比可以明显看出，加入装饰功能墙面的模块化地暖系统，室内温升时间与没有装饰功能墙面相比相差不大；室内温度、地板表面温度比较均匀，室内热环境稳定，不会出现较大的波动。同时，发热线在晚上持续加热，白天几乎处于不开启的状态，能充分利用谷价电，起到移峰填谷的作用。通过比较可以看出，两套供暖系统温度控制器开启频率明显不同，普通供热系统在 24h 内温控器频繁启动 20 次左右，而加装饰功能材料后，温度控制器在 24h 内只启停一次，能很好地延长控制器的使用寿命，降低后期维护保养费用。

3.2.4 经济性分析

在测试分析中，课题组成员记录了 12 月 16 日—12 月 22 日，室外最高温度相同且室内温度维持在 21℃时，不同时段用电量情况及相应的费用情况，见

表3-3和表3-4。

表3-3及表3-4给出了无装饰功能墙面及有装饰功能墙面的用电量情况及费用情况，不难看出：维持在室温21℃时，无装饰功能墙面一天$100m^2$的用电量大约为40kW·h，其中谷电用电量较峰电用电量多。一周计算下来每天的采暖费用大概在17元/$100m^2$。

供暖系统加装饰功能墙面后，晚上谷电时段20：00至次日8：00，控制室温仍到21℃，利用装饰功能墙面的作用，能延缓温度下降的速度和缩短室内温度升温的时间，在峰电时段8：00至20：00时，关闭供热系统，维持室温在21℃，室外温度同无装饰功能墙面，一天$100m^2$的耗电量基本在30kW·h左右，由表中测试整理数据可以得出，平均一天采暖费用大约为13元/$100m^2$。

经过对比可以明显看出，在维持室温21℃时采用装饰功能墙面，在建筑物达到“三步”节能的情况下，能充分地利用峰谷电价，同时能降低采暖费用20%～30%。

表3-3　无装饰功能墙面用电量情况及费用

日期	天气	室外最高温度/℃	实际室温/℃	用电量/（kW·h）		峰电费用/元	谷电费用/元	每天费用/元
				8：00—20：00	20：00—8：00			
12月16日	晴	3.6	21	18.7	20.28	10.30	6.08	16.38
12月17日	晴	1.7	21	20.2	21.84	11.09	6.55	17.64
12月18日	晴	3.6	21	19.8	21.45	10.89	6.44	17.33
12月19日	晴	4.0	21	19.0	20.54	10.43	6.16	16.59
12月20日	霾	2.6	21	19.4	21.06	10.69	6.32	17.01
12月21日	霾	4.0	21	18.6	20.15	10.23	6.05	16.28
12月22日	霾	4.0	21	18.8	20.41	10.36	6.12	16.49

表3-4　有装饰功能墙面用电量情况及费用

日期	天气	室外最高温度/℃	实际室温/℃	用电量/（kW·h）		峰电费用/元	谷电费用/元	每天费用/元
				8：00—20：00	20：00—8：00			
12月16日	晴	3.6	21	14.4	15.6	7.92	4.68	12.60
12月17日	晴	1.7	21	15.5	16.8	8.53	5.04	13.57
12月18日	晴	3.6	21	15.2	16.5	8.38	4.95	13.33
12月19日	晴	4.0	21	14.6	15.8	8.02	4.74	12.76
12月20日	霾	2.6	21	15.0	16.2	8.22	4.86	13.08
12月21日	霾	4.0	21	14.3	15.5	7.87	4.65	12.52
12月22日	霾	4.0	21	14.5	15.7	7.97	4.71	12.68

3.3 本章小结

本章从模块化发热地板的组成、施工要求和传热性能，碳纤维发热线的电热性能和热工性能，不同装饰面模块化发热地板的性能测试三个大方面对模块化发热地板进行了研究。得出如下结论：

第一，通过对几种不同型号的碳纤维进行电热性能测定和分析可知，碳纤维具有良好稳定的电热效应；不同型号的碳纤维的电热效率不同；在一定升温范围内，碳纤维的稳定温升与输入功率成正比；碳纤维具有温敏效应，随温度升高碳纤维的电阻率线性降低；温敏效应与电热效应结合，可望实现结构温度的自适应调节。

第二，通过分析碳纤维线的热工性能可知，发热系统初始运行时功率波动比较大，但随时间呈逐渐减小趋势，并最终达到稳定。碳纤维丝在通电的情况下表面温度可高达上百摄氏度，由于其防护层的作用，使发热线表面温度降低到40～60℃之间。纤维线加热时，地板表面温度随加热时间的增加温度上升较为缓慢。碳纤维发热线离地面越近温度相对越高，离地面越远温度相对较低，采暖符合人体生理需求曲线。

第三，通过对木地板和地板砖装饰面的模块化发热地板性能测试可知，地板砖由于其导热性能较好，地板表面温度满足设计要求，木地板直接覆盖时，地板表面温度较高。木地板线槽宽度不同，对发热线表面温度影响较大，素土和地板砖的装饰面，当线槽宽度不同时，对发热线表面温度影响不大。不同装饰面的模块化发热地板，模块铝板表面温度均温为42℃左右，基本趋于稳定。

第四，对功能装饰墙面的热工特性和传热特性进行了测试，通过测试可知，功能装饰墙面对室内温度的变化具有重要的作用，设置功能装饰墙面后，墙体的内表面升温速率明显增快；墙体的热流密度迅速下降到一定程度后，逐渐趋于平稳状态，且热流密度下降值明显减小。

4　太阳能+电直热新型绿色双供暖系统

为了进一步丰富取暖形式，与太阳能取暖相结合，同时可以根据气候的变换和个人习惯随时开启采暖，并根据需要调整采暖温度，本书着手研究将传统采暖与碳纤维电采暖相结合的“新型绿色双供暖系统”。

4.1　新型绿色双供暖系统介绍

4.1.1　系统设计理念

太阳能作为一种间歇式能源，利用其进行供暖时，受昼夜、季节以及阴雨雪天气的影响较大，其所能提供的热量变化大、不稳定。太阳能的间歇性和不稳定性为其利用带来了一定的难度。随着人民生活水平的逐步提高，采暖要求也随之增多。单纯依靠太阳能采暖很难满足人们对室内温度的需求，若按照最大需求设计太阳能采暖，则系统投资很大；按照一定保证率设计系统，则必须选用辅助加热措施，而当前设计的太阳能采暖系统，辅助加热措施基本集中在电辅助加热、空气源热泵辅助加热、地源热泵辅助加热和燃气壁挂炉辅助加热等，其中空气源热泵和地源热泵辅助加热投资较大，燃气壁挂炉和电辅助加热一般采用加热系统热水，热损失比较大。

新型绿色双供暖系统是一种适用于低层建筑的稳定性强、适用范围广的节能环保双供暖系统。当白天太阳能提供的热量充足时，直接用于系统供热；当晚上太阳能热量不足时，利用谷电采用碳纤维电地暖供热，作为太阳能供暖的补充和替代。该系统为低层建筑尤其是农村建筑清洁供暖提供了一条新思路，丰富了采暖方式。

该系统的碳纤维电地暖与传统水地暖相结合，在传统水地暖基本完成后进行安装，施工工艺简单，增量成本较低，可以作为太阳能采暖系统的有效补充。

4.1.2　系统优势

太阳能以取之不尽、用之不竭、清洁无污染且价格低廉等特点受到人们的重视，但太阳能作为一种间歇式的能源在供暖应用时受昼夜及天气等条件影响较大，所提供的供热量也相应变化较大且不够稳定。为了得到稳定的供暖热源，实现绿色、环保、节能、舒适的建筑供暖需求，太阳能供暖系统在实际应用过程中必须备用其他热源。

目前，国内外在太阳能供暖实际应用中出现的新型绿色双供暖系统形式主要有太阳能+燃气壁挂炉联合供暖、太阳能+空气源热泵联合供暖、太阳能+电直热（碳纤维）联合供暖的地面辐射供暖系统，下面从经济性、稳定性、适用性等三个方面对这三类新型绿色双供暖系统进行对比，对比结果见表4-1。

表4-1　新型绿色双供暖系统经济性、稳定性、适用性对比

对比内容		系统名称		
		太阳能+燃气壁挂炉联合供暖	太阳能+空气源热泵联合供暖	太阳能+电直热（碳纤维）联合供暖
系统组成		太阳能集热器、燃气壁挂炉、储热水箱、热交换器及地暖埋管部分	太阳能集热器、空气源热泵主机、储热水箱、热交换器及地暖埋管部分	太阳能集热器、储热水箱、热交换器、地暖埋管部分及埋地电采暖部分
经济性	系统造价	采用国产燃气壁挂炉时，造价低于太阳能+电直热联合供暖系统，采用进口燃气壁挂炉品牌时，造价与太阳能+电直热联合供暖系统持平	高	与采用进口燃气壁挂炉品牌时的太阳能+燃气壁挂炉电直热联合供暖系统持平
	使用年限	备用热源系统约15年	备用热源系统约15年	备用热源系统约50年
	运行费用	与电采暖几乎持平（国内冬季燃气费用较高，燃气价格约2.9元/m^3）	低	与燃气壁挂炉几乎持平
稳定性		系统组件多，管路复杂，故障率较高	系统组件多，管路复杂，故障率较高	系统组件少，管路简单，故障率低
适用性		适用于有燃气的任何气候区域	适用于寒冷地区，对严寒地区几乎不适用	适用于世界上任何气候带的任何地区

由表4-1可见，太阳能+燃气壁挂炉联合供暖除了在系统造价上略有优势外，在使用年限、运行费用、稳定性及适用性上均无优势可言；太阳能+空气源热泵联合供暖系统除了在运行费用上略有优势外，在系统造价、使用年限、稳定性及适用性上均无明显优势可言；太阳能+电直热（碳纤维）联合供暖系统除了运行费用高于太阳能+空气源热泵联合供暖系统外，在系统造价、使用年限、稳

定性及适用性等方面均比其他两种新型绿色双供暖系统有较大优势。

4.1.3 系统施工工艺

系统的施工工序为：施工准备→接底层铺设→发热线铺设→温控器安装→装饰层安装。其施工要点如下。

1. 施工准备

碳纤维地暖系统施工应该在传统采暖系统（地盘管采暖）上安装，且混凝土垫层已施工完毕；要保证原供暖系统混凝土面平整、干燥、无杂物，墙、柱等边角交接面根部平直且无积灰现象；同时碳纤维电采暖系统电源配电箱就位，电源和各分支回路管线工程施工结束。

2. 接底层铺设

在采暖房间铺设的接地网（50×50，$d=1$）应超出最外侧发热线5cm，接地网之间最少搭接5cm，接地网的铺放应平整、顺齐、无褶皱，铺设完毕后用扎带进行临时固定。用2.5mm^{2}裸铜线（与配电系统保护地线连接）将接地网连接导通，接地线走“Z”字形且每一条发热线下都必须有裸铜线，裸铜线与接地网连接点间距不得大于3m且每个采暖区域不得少于两个接点，裸铜线端点和顶点距离发热线边缘不超过0.5m，连接形式采用铜线绞接（紧密缠绕不少于6圈，如图4-1所示）。

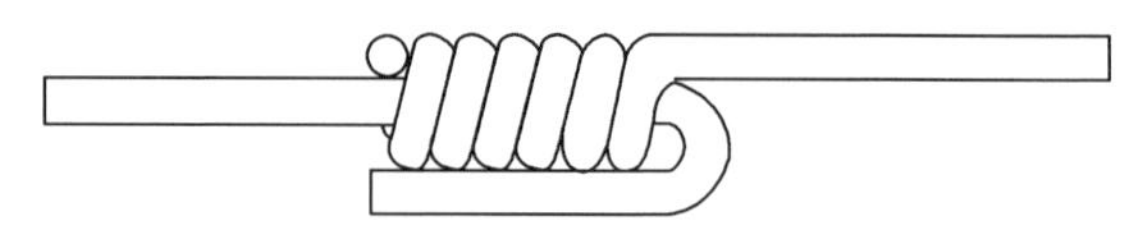

图4-1 铜线绞接示意图

3. 发热线铺设

碳纤维电热线按房间尺寸进行均匀铺设。将碳纤维电热线用捆扎带固定到接地钢丝网上，尽可能避开放置家具、床的部位（床头及家具摆放位置尽可能放置冷线），在门口及窗口等无遮挡部位适当多铺装。其曲半径不小于6倍线径；线卡间距最大30cm。冷、热线间距不低于20cm，最外层热缩管端点向外延伸5cm不得打死弯且主线走线禁止搭接，尤其不能与热线搭接。发热线距离上下水、气等管道边缘不小于20cm。每一个温控器负荷严禁超过3kW。安装完毕后将冷线穿入配电预留温控器安装盒内。

4. 温控器安装

按要求不能少装、漏装；安装必须平直端正且与墙体之间安装紧密不留空隙；温控器接线必须分清零线、火线，按说明书接线。安装完毕后必须检查温控器是否能正常工作。

5. 装饰层安装

用户根据装修风格选用合适的地面装饰材料进行地面施工；地面装饰材料尽量选择传热性能好的装饰材料（例如地砖、复合木地板等），严禁选用地毯或带龙骨的木地板等隔热装饰材料；地面施工时注意对碳纤维发热系统进行保护。

双供暖系统现场施工如图 4-2 所示，结构示意图如图 4-3 所示。

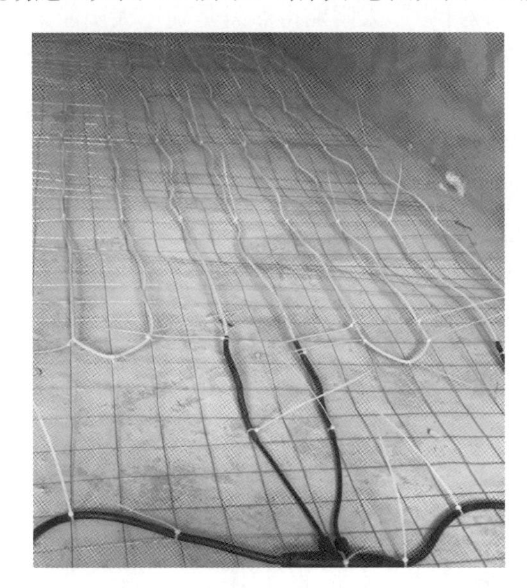

图 4-2 双供暖系统现场施工

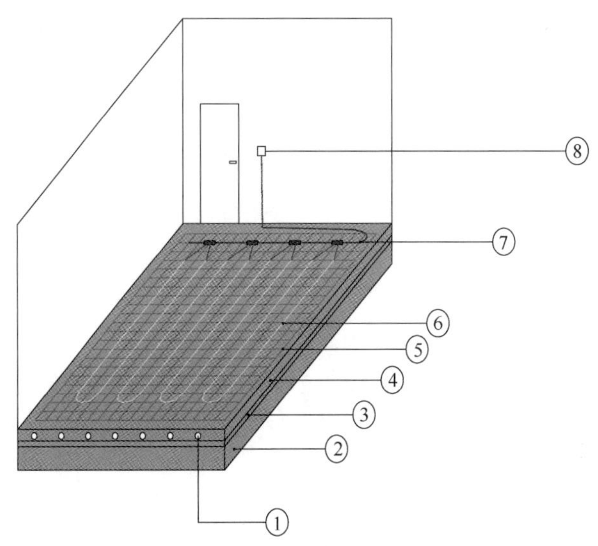

图 4-3 双供暖系统结构示意图

①—水暖管（地盘管）；②—建筑物结构层；③—保温隔热层；④—水暖混凝土垫层；⑤—接底层（50×50×1 钢丝网和裸铜线）；⑥—碳纤维电热线；⑦—碳纤维采暖系统冷线；⑧—温控器

4.2 新型绿色双供暖系统的应用

4.2.1 太阳能得热量的计算

太阳能采暖系统设计中，太阳能得热量是确定太阳能集热器采光面积的一个关键性因素，也是影响太阳能采暖系统经济性能的重要参数。其与系统使用期内的太阳能辐射强度、气候条件、集热器性能等因素有关。

1. 气象参数

（1）太阳能辐射强度

不同地区太阳能辐射强度不同。本节以华北地区（北京、石家庄、唐山）、西北地区（青海西宁）、东北地区（吉林延吉）三个区域为例，主要代表寒冷地区太阳能辐射强度，其曲线如图 4-4～图 4-8 所示。依照倾斜表面上太阳能辐照

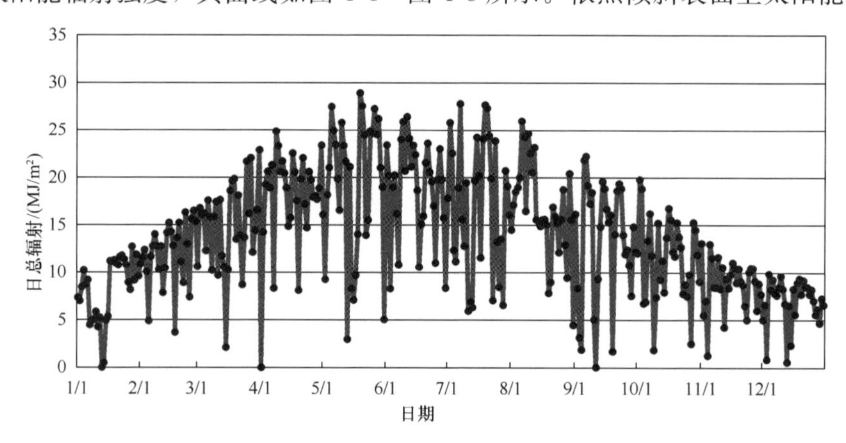

图 4-4　北京市太阳日辐射年变化图

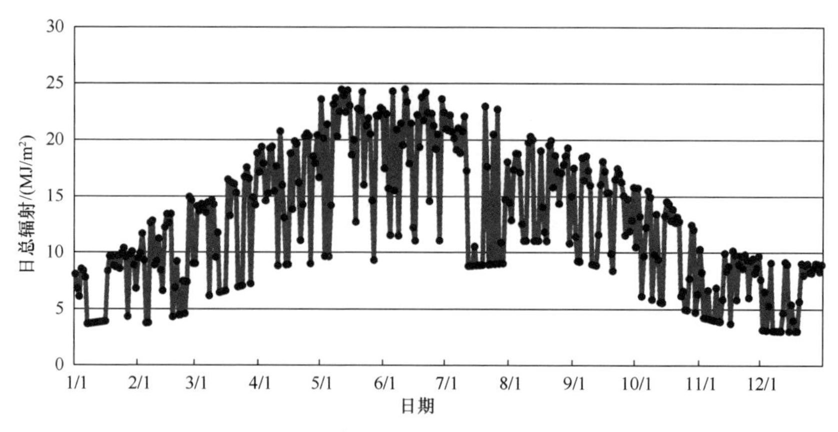

图 4-5　石家庄市太阳日辐射年变化图

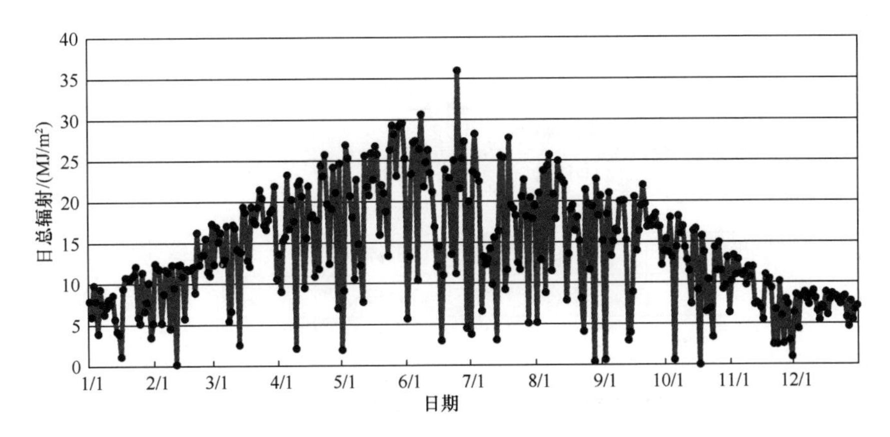

图 4-6 唐山市太阳日辐射年变化图

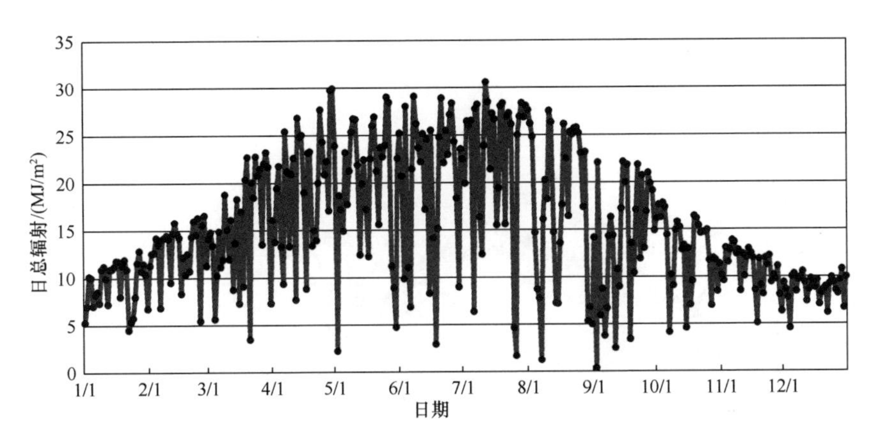

图 4-7 西宁市太阳日辐射年变化图

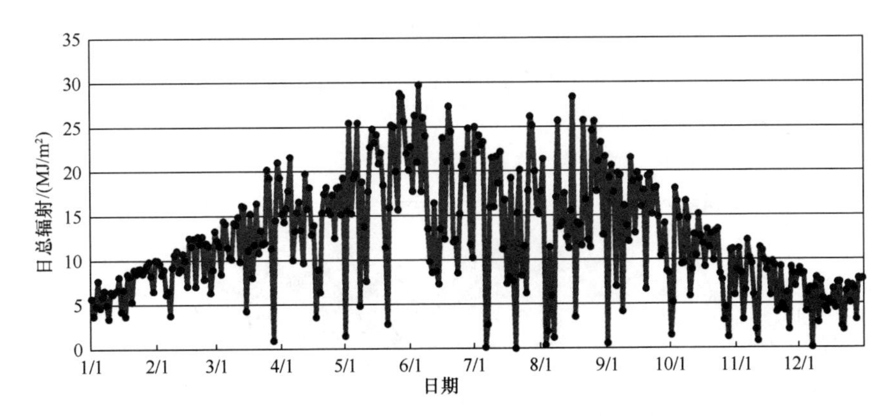

图 4-8 延吉市太阳日辐射年变化图

度的计算方法，计算了整个采暖季各月的辐照量，见表 4-2。其中辐照量为当地纬度＋15°倾角上的辐照度。

表 4-2　三个区域采暖期间的太阳能辐照量（MJ/m²）

时间	地区				
	华北地区			西北地区	东北地区
	北京	石家庄	唐山	西宁	延吉
1 月	382.34	307.68	399.09	289.5	214.9
2 月	409.81	310.35	378.57	361.3	270.5
3 月	200.57	184.33	194.16	470.8	399.0
11 月	228.61	216.70	160.97	323.5	222.9
12 月	366.03	296.26	413.33	273.7	182.0

（2）气候条件

为便于统一分析，气候条件选取三个地区在 1 月份的温度，其干球温度变化曲线如图 4-9～图 4-13 所示。

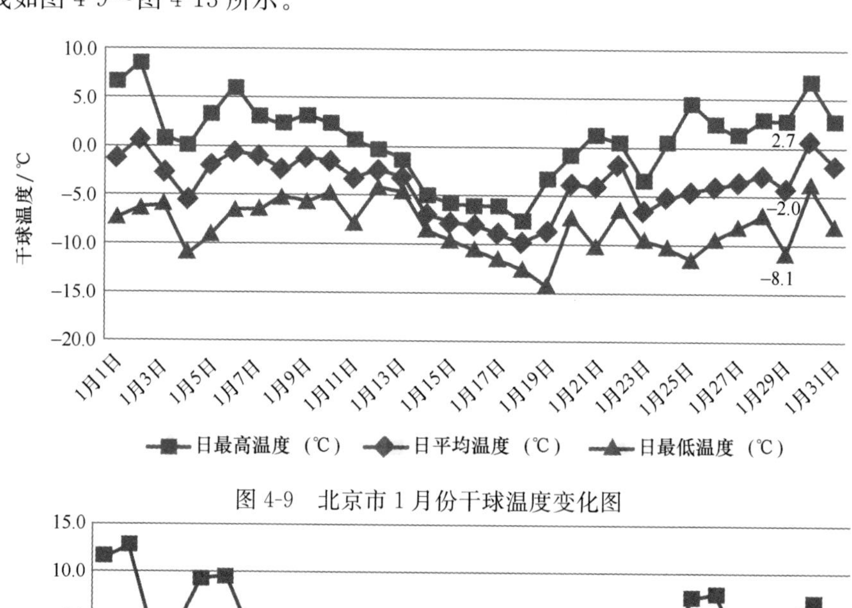

图 4-9　北京市 1 月份干球温度变化图

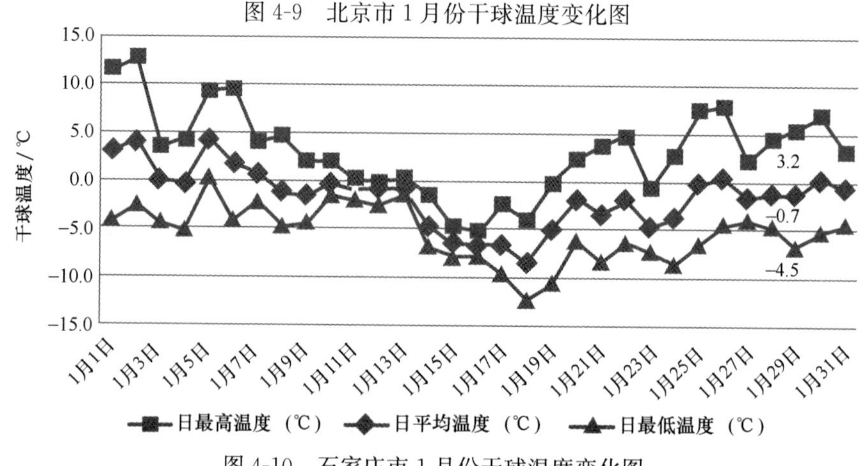

图 4-10　石家庄市 1 月份干球温度变化图

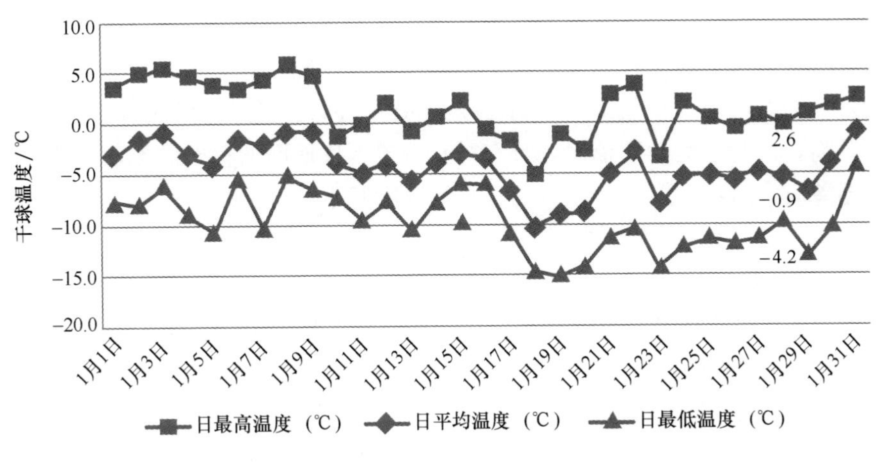

图 4-11 唐山市 1 月份干球温度变化图

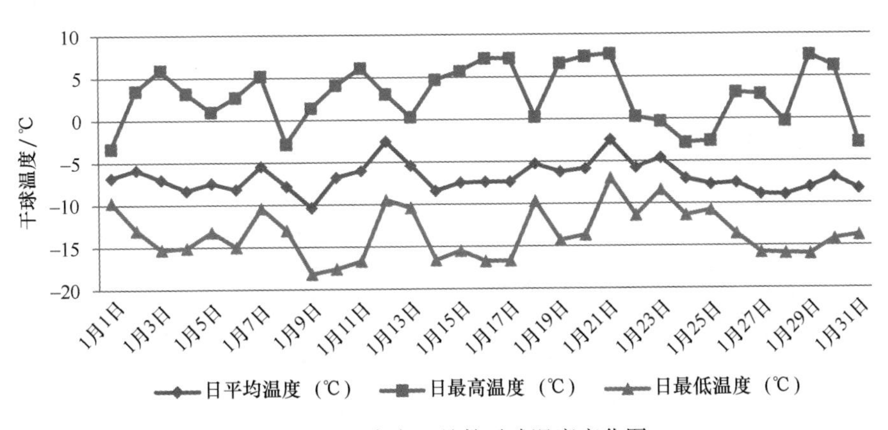

图 4-12 西宁市 1 月份干球温度变化图

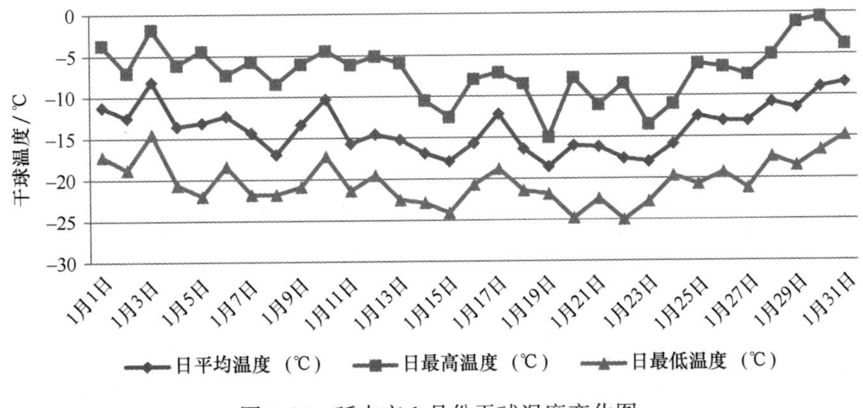

图 4-13 延吉市 1 月份干球温度变化图

由图 4-9～图 4-13 可以看出，华北地区三个地方冬季的室外平均温度较低，一般在－3～－7℃之间；白天与晚上的温度相差比较大，温差小的时候相差 5℃左右，大的时候可以相差 10℃；原因是地处平原，白天太阳照射较强时，造成气温升高，而晚上无太阳辐射，且有时有云层挡住地面的辐射散热，因此，造成昼夜温差时大时小。西宁和延吉的日平均温度基本在 0℃以下，这与所在地域位置有关。

2. 集热器性能

太阳能集热器是将太阳能转换成热能的装置，是太阳能系统中的重要组成部分。太阳能集热器的性能与集热器的选型、安装倾角、集热效率和连接方式有关。

1）集热器的选型

目前国内市场上用的太阳能集热器的类型主要有平板式、全玻璃真空管式、直流（或 U 形）真空管式和热管式四种，如图 4-14～图 4-17 所示。选择类型主要根据安装所在地的气候特征以及所需热水温度、用途、安全性、经济性等特点来确定。

图 4-14　平板集热器

图 4-15　全玻璃真空管集热器

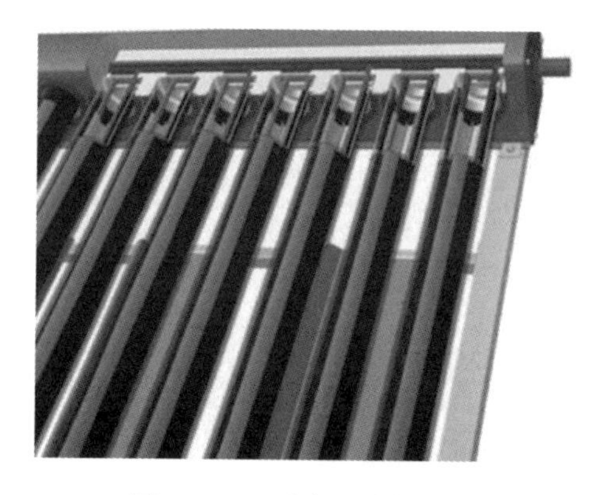

图 4-16　U 形真空管集热器

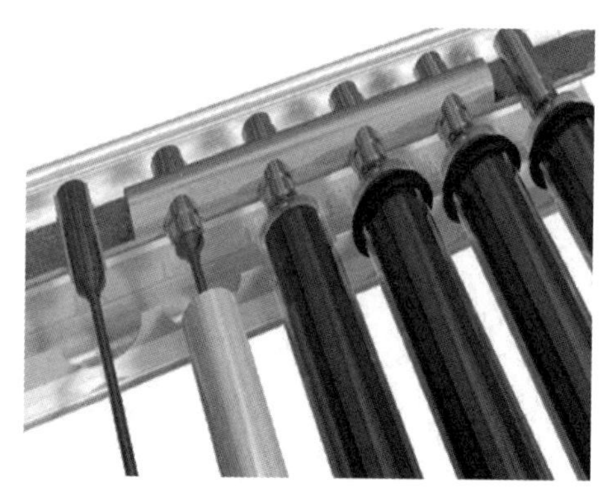

图 4-17　热管式集热器

(1) 集热器的结构及使用范围

平板集热器一般由透明盖板、吸热板、保温层和外壳四部分组成。平板集热器的主要热损失是吸热板和透明盖板之间的空间存在空气对流换热损失。在冬季，环境温度较低，平板集热器的热损失很大，还面临集热管破裂、冻结等问题。所以，在寒冷地区，平板集热器不能全年运行，从而使平板集热器的应用范围受到了许多限制，但采用防冻液的间接集热系统也能用于北方寒冷地区采暖。其价格在 500 元/m^2 左右，能被农民所接受。

全玻璃真空管太阳能集热器由多根全玻璃真空太阳能集热管插入联箱组成。由于真空管采用真空保温，进入玻璃管内的热能不易散失，因此，散热损失比平板集热器显著减小，在 60℃以上的工作温度下仍具有较高的效率，在寒冷的冬季也仍能集热，并有较高的热效率。真空管太阳能集热器由于具有保温性能好、低温热效率高、成本低等优点，适合在北方地区使用。其价格在 400 元/m^2 左右，也能被农民所接受。

U 形真空管集热器是对全玻璃真空管集热器的改进，其由集热管、隔热材料、集热流体、吸热管、U 形管等部件组成。因为真空管内没有水，所以不会因一只管破损而影响整个系统的运行；真空管的热容大大减小，同样的天气条件下可以获得更多的热量，因而提高了产品性能和运行的可靠性，可在北方地区全年使用。但其价格相对较高，一般为 800 元/m^2，农民一般接受不了。

热管式真空管集热器是一种由热管、金属吸热板、玻璃管、金属封盖等组成的玻璃-金属封接的真空集热管。热管式真空管的优点主要来源于热管的独特传热方式。它具有热性能好、热效率高、工作温度高等优点，且系统承压能力强、热容小、系统启动快、抗严寒能力强，可在北方地区全年使用。其价格也偏高，为 1200 元/m^2，农民一般接受不了。

(2) 集热器的使用特点

四种太阳能集热器的使用特点见表 4-3。

表 4-3 四种太阳能集热器的使用特点

特点	类型			
	平板式	全玻璃真空管式	直流（或 U 形）真空管式	热管式
承压能力/(kg/cm^2)	8	不承压，最大工作压力 0.3	10	16
最高温度/℃	86	100	150（蒸汽）	250（蒸汽）
使用寿命/年	20	4～5	20	20

续表

特点	类型			
	平板式	全玻璃真空管式	直流（或U形）真空管式	热管式
排污功能	有排污阀，易排污	无排污功能，使用一年结水垢较多，热效率降低	有排污阀，可排污	有排污阀，可排污
安全性	高	低	高	高
放置方式	与水平面有夹角	与水平面有夹角	可水平放置	可水平放置
应用领域	热水	热水	热水及蒸汽	热水及蒸汽
抗冻能力及应用领域	热媒采用水时不具备抗冻能力（加防冻液后可应用于冻区）；热媒采用防冻液时具备抗冻能力。适合应用在无冻区，如华南地区	有一定的抗冻能力，适合在冬天气温为0～20℃的地区使用	具备防冻能力	由于热管的热容极小，在多云间晴的低日照条件下仍能迅速启动，有效收集热量，所以即使在日照条件不太好的地区也可有效使用

2）集热器的安装倾角

据有关文献分析，冬季集热器的最佳安装倾角是在当地纬度的基础上增加10°～15°。以1月份为例，北京、石家庄和唐山的最佳安装倾角不同，且差异较大，北京最佳安装倾角为62°、石家庄最佳安装倾角为53°、唐山最佳安装倾角为63°，其最佳安装倾角在当地纬度的基础上增加了15°～23°；同时，每个月的最佳安装倾角也不相同。为了兼顾其他月份，建议选取的集热器安装倾角为本地纬度+15°。

3）集热器的集热效率

太阳能系统的集热效率直接影响系统的使用效果。由于太阳能资源的不稳定性，夏季和冬季的集热效率差距颇大，且寒冷地区冬季室外温度较低，因此，太阳能采暖对集热器的选择条件更加苛刻。对太阳能采暖而言，由于集热器全年效率不能准确反映集热器在冬季的集热效果，所以宜采用冬季的集热器效果进行分析。在查阅相关研究资料的基础上，得出冬季太阳能集热器的集热效率在45%～50%之间。

4）集热器的连接方式

太阳能集热器的连接方式对太阳能集热系统的防冻排空、水力平衡和减少阻力都起着很重要的作用。一般来说，集热器连接成集热器组的方式有三种：串联式、并联式和串并联。对于自然循环系统，只能采用并联方式，每个集热器组的集热器数目不宜超过 16 个或总面积不宜超过 $32m^2$；对于非自然循环系统，集热器可以采用串并联或并联方式连接，采用串并联连接时，串联的集热器个数不宜超过 3 个。太阳能采暖系统一般情况下采用并联的方式连接。

3. 集热面积计算

太阳能集热器安装方位会影响集热器接收到的太阳辐射。集热器设在坡屋面上时，可设置在南向、南偏西、南偏东或朝东、朝西坡屋面上。集热器设置在墙面上时，高纬度地区，可设置在南向、南偏西、南偏东或朝东、朝西墙面上；低纬度地区，可设置在建筑南偏东、南偏西或朝东、朝西墙面上。施工过程中太阳能集热器的安装要综合考虑建筑特点、日照方向、周边环境等因素，集热器固定后再通过本设计特有的角度调节装置调节集热器最终朝向角度。

太阳能集热器宜布置在背风处，可以减少热损失，安装位置不应有障碍物的遮挡，同时前后排集热器之间也不能相互遮挡。集热器前后排互不遮挡的最小间距可由式（4-1）计算得出。

$$S = H\cot h\cos\gamma_0 \tag{4-1}$$

式中 S——日照间距，m；

H——前方障碍物的高度，m；

h——计算时刻的太阳能高度角，°；

γ_0——计算时刻太阳光线在水平面上的投影线与集热器表面法线在水平面上的投影线之间的夹角，°。

互不遮挡的判别和计算时刻的选择应遵循以下原则：

（1）全年运行的太阳能系统，在春分/秋分日中午前后 6h 不遮挡，计算时刻选春分/秋分日的 9:00 或 15:00；

（2）主要在春、夏、秋三季运行的系统，在春分/秋分日中午前后 8h 不遮挡，计算时刻选春分/秋分日的 8:00 或 16:00；

（3）主要在冬季运行的系统，在冬至日中午前后 4h 不遮挡，计算时刻选冬至日的 10:00 或 14:00；

（4）太阳能集热器安装方位南偏东时，要选上午时刻；南偏西时，选下午时刻。

双供暖系统多适用于集热面积不够的建筑，其目的是充分利用太阳能而减少其他能源的消耗，因此，无论用户是否具有足够的集热面积均可使用。如果集热面积充足，可以根据建筑面积计算集热面积；如果集热面积不够，可以根据集热面积计算可供热的建筑面积。对于后者，可以对主要供暖区进行太阳能热水供暖铺设，其他地区不必铺设而采用电供暖，这样可以降低初投资。

太阳能集热器与供热面积间的函数关系如下：

(1) 直接式太阳能供热采暖系统集热器面积的确定

可按式（4-2）计算：

$$A_c = \frac{86400 Q_H f}{J_T \eta_{cd}(1-\eta_L)} \tag{4-2}$$

式中 A_c——直接式太阳能供热采暖系统所需集热器总面积，m^2；

Q_H——日平均采暖负荷，W；

J_T——当地采暖期在安装倾斜面上的日平均太阳能辐照量，J/m^2；

f——太阳能保证率，无量纲，一般取值 0.3～0.8，结合系统使用期内的太阳能辐照、系统经济性及用户要求等因素进行综合考虑，按表 4-4 选取；

η_{cd}——系统使用期的平均集热效率，一般取 0.25～0.5；

η_L——管道及储水箱热损失率，无量纲，一般取 0.2～0.3。

表 4-4 不同地区供热采暖系统太阳能保证率的推荐选用值

太阳能资源	等级	太阳能保证率/%	
		短期蓄热系统	季节蓄热系统
资源丰富区	Ⅰ	≥50	≥60
资源较富区	Ⅱ	30～50	40～60
资源一般区	Ⅲ	10～30	20～40
资源匮乏区	Ⅳ	5～10	10～20

(2) 间接式太阳能系统集热器面积的确定

间接系统比直接系统多一个换热装置，换热器需进行温差换热，因此需保证系统相同的供热能力，太阳能集热器的平均工作温度要比直接式系统高，集热器的集热效率也会降低。欲获得相同的热量，间接式太阳能系统的集热器面积要大于直接系统。间接系统的集热器面积可按式（4-3）计算：

$$A_{IN} = A_c\left(1 + \frac{F_R U_L A_c}{U_{hx} A_{hx}}\right) \tag{4-3}$$

式中 A_{IN}——间接系统集热器面积，m^2；

A_c——直接系统集热器总面积，m^2；

$F_R U_L$——集热器热损系数，W/(m^2·℃)，平板型集热器取 4～6，真空管集热器取 1～2；

U_{hx}——换热器传热系数，W/(m^2·℃)；

A_{hx}——间接系统换热器换热面积，m^2。

4.2.2　建筑应用分析

1. 建筑模型

建立两种典型低层建筑模型进行分析。

（1）典型单层建筑

建筑为单层的住宅，楼高 3.3m（檐口高度），屋顶为坡屋面，建筑面积 111m^2，朝向正南；房间布局为 3 室 2 厅 2 卫；南面窗墙比为 0.263，北面窗墙比为 0.119；建筑的体形系数为 0.630；建筑无遮阳措施，建筑的平面图如图 4-18所示。

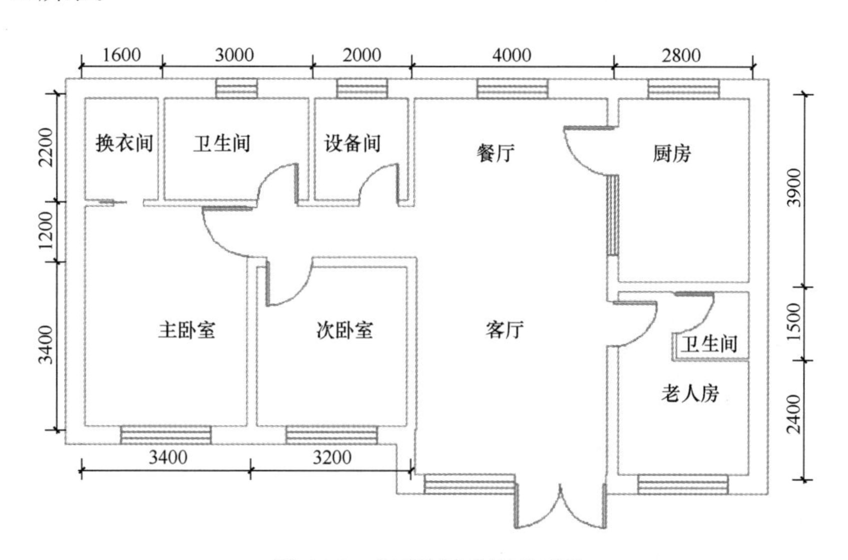

图 4-18　典型单层建筑平面图

（2）典型两层建筑

建筑为两层的住宅，楼高 6.6m，屋顶为平屋面，建筑面积 123m^2，朝向正南；一楼分过厅、客厅、餐厅、楼梯间、卫生间 1 和厨房；二楼分主卧、次卧、卫生间 2 和露台；东面窗墙比为 0.098，南面窗墙比为 0.383，西面窗墙比为 0.023，北面窗墙比为 0.246；建筑的体形系数为 0.680；建筑无遮阳措施，建筑的平面图如图 4-19 所示。

2. 采暖负荷

建筑物的供暖热负荷主要受围护结构、体形系数等的影响，针对两个建筑模型，设置了三种围护结构参数进行计算，见表 4-5。

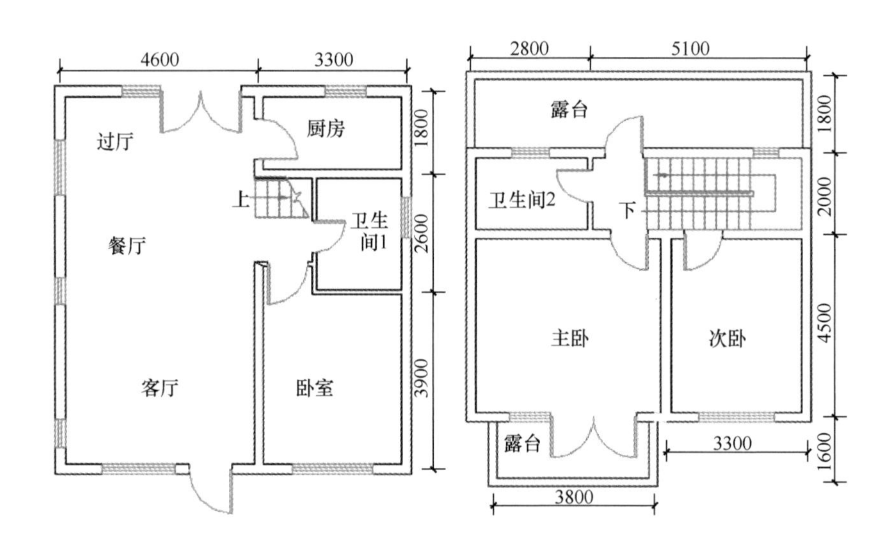

图 4-19　典型两层建筑平面图

表 4-5　不同模型围护结构传热系数限值［W/（m² · K）］

节能状况		非节能	节能 65%	节能 75%
华北地区	外墙	2.04	0.45	0.40
	屋面	1.26	0.35	0.30
	外窗	6.4	2.5	1.8
西北地区	外墙	3.05	0.6	0.3
	屋面	2.16	0.45	0.2
	外窗	11	3.0	1.6
东北地区	外墙	3.62	0.35	0.25
	屋面	2.23	0.3	0.2
	外窗	11.35	2.0	1.6

太阳能采暖系统的热负荷计算与常规能源系统的热负荷计算完全相同，可按有关节能标准计算，同时按照现行国家标准《太阳能供热采暖工程技术标准》（GB 50495）的规定将建筑物耗热量作为建筑热负荷的计算结果。以三个区域为例，分析了两种典型低层建筑的单位建筑面积采暖耗热量的计算结果，见表 4-6。

表 4-6 建筑模型采暖耗热量指标结果汇总

建筑模型	地区		采暖期室外平均温度/℃	室内空气计算温度/℃	采暖季耗热量指标/(W/m²)		
					非节能	节能 65％	节能 75％
典型单层建筑	华北地区	北京	0.1	18	41.60	11.72	8.40
		石家庄	0.9	18	40.51	10.77	7.22
		唐山	−0.6	18	46.08	12.69	8.60
	西北地区	西宁	−3.0	18	79.16	21.8	11
	东北地区	延吉	−6.1	18	81.70	22.5	18.0
典型两层建筑	华北地区	北京	0.1	18	38.64	10.9	7.56
		石家庄	0.9	18	38.58	10.555	7.06
		唐山	−0.6	18	43.07	12.41	8.41
	西北地区	西宁	−3.0	18	70.11	20.2	11
	东北地区	延吉	−6.1	18	78.09	22.5	18.0

由表 4-6 可知，在同一建筑布局下，围护结构条件不同，采暖耗热量指标也不相同，围护结构性能差的采暖耗热量指标要高，如非节能建筑的采暖耗热量远高于节能 65％、节能 75％建筑。因此，建筑的围护结构体系对双供暖系统的耗热量影响最大。在非节能建筑中，唐山建筑的采暖耗热量比石家庄和北京的要高，东北地区高于西北地区。而随着围护结构保温性能的提高，采暖耗热量指标差异逐渐缩小，因此，随着围护结构保温性能的提高，地区的差异性逐渐变小。

4.2.3 技术经济性分析

技术经济性是进行双供暖系统研究的一个重要因素。因各地经济发展状况不同，人们对获得舒适性要求给予的权重不同。对于经济欠发达的地区，家庭收入不足，会以降低舒适性要求或采取其他措施来节省采暖费用，同时有些富裕家庭或许会以较高的采暖费用来获得热环境的舒适性。

1. 按照标准设计

(1) 集热面积

集热面积受建筑的热负荷、太阳辐照量、太阳能保证率、集热器的集热效率和热损失率的影响，依照计算公式，太阳能保证率取 0.5，集热器的集热效率取 47％，系统的热损失率取 0.3。按照式 (4-2) 和式 (4-3) 分别计算直接系统集热器面积和间接系统集热器面积，见表 4-7 和表 4-8。

连接构造应力求形式简单、传力直接、受力明确；连接节点应具有必要的承载力、刚度和延性；连接节点还应具有防火、防水、耐久性和可操作性。

表 4-7　直接系统集热面积

建筑模型	地区		直接系统集热面积/m^2		
			非节能	节能 65%	节能 75%
典型单层建筑	华北地区	北京	54.79	19.93	14.52
		石家庄	51.17	18.36	13.19
		唐山	56.68	21.89	16.37
	西北地区	西宁	97.37	36.66	18.50
	东北地区	延吉	100.50	40.67	32.54
典型两层建筑	华北地区	北京	61.21	20.51	14.68
		石家庄	57.47	18.99	13.46
		唐山	64.98	21.90	15.58
	西北地区	西宁	105.77	37.64	20.50
	东北地区	延吉	117.81	45.07	36.05

表 4-8　间接系统集热面积

建筑模型	地区		间接系统集热面积/m^2		
			非节能	节能 65%	节能 75%
典型单层建筑	华北地区	北京	78.27	28.46	20.74
		石家庄	73.10	26.23	18.84
		唐山	80.97	31.27	23.39
	西北地区	西宁	139.10	52.42	26.46
	东北地区	延吉	143.56	58.16	46.53
典型两层建筑	华北地区	北京	87.44	29.30	20.98
		石家庄	82.10	27.12	19.23
		唐山	92.84	31.28	22.25
	西北地区	西宁	151.12	53.83	29.32
	东北地区	延吉	168.32	64.45	51.55

从表中可以看出，不同围护结构体系下，需要的集热器面积不同，从华北地区数据可知，若非节能建筑满足采暖需求，室温达到 18℃，直接系统需安装的集热面积为 50～65m^2，间接系统需要 75～90m^2，甚至更高；而节能 65%建筑需要直接系统的集热面积在 20m^2 左右，间接系统在 30m^2 左右。

（2）初投资和运行费用

双供暖系统的初投资一般包括集热器、蓄热水箱/水池、户内采暖系统（地埋管辐射末端）、碳纤维采暖系统（接底层、碳纤维电热线、系统冷线、温控器）

以及其他费用（水处理器、阀门、水泵、安装费）等投资。各部分投资单价见表 4-9。

表 4-9　双供暖系统初投资分析

项目	类型	初投资/(元/m^2)
集热器	直接系统	380（集热面积）
	间接系统	480（集热面积）
蓄热系统	水箱	12（建筑面积）
户内采暖系统	地埋管辐射末端	40（建筑面积）
碳纤维采暖系统	地埋管辐射末端	70（建筑面积）
其他费用	水处理器、阀门、水泵、安装费	8（建筑面积）

按照采暖耗热量指标计算采暖能耗和运行费用，供暖天数按照华北 120 天、西北 161 天、东北 166 天计算，其结果见表 4-10。其中电费，华北取 0.4 元/(kW·h)、西北取 0.35 元/(kW·h)、东北取 0.45 元/(kW·h）计算。

表 4-10　建筑模型采暖能耗和运行费用结果汇总

建筑模型	地区		采暖季能耗/(kW·h)			电采暖运行费用/元			双供暖运行费用/元		
			非节能	节能65%	节能75%	非节能	节能65%	节能75%	非节能	节能65%	节能75%
典型单层建筑	华北地区	北京	13299	3747	2685	5320	1498	1074	2660	749	537
		石家庄	12950	3443	2308	5180	1378	924	2590	689	462
		唐山	14731	4057	2749	5892	1622	1100	2946	811	550
	西北地区	西宁	25306	8845	4463	7592	2654	1339	3796	1327	669
	东北地区	延吉	26119	9950	7960	11754	4478	3582	5877	2239	1791
典型两层建筑	华北地区	北京	13688	3861	2678	5476	1544	1072	2738	772	536
		石家庄	13667	3739	2501	5466	1496	1000	2733	748	500
		唐山	15257	4396	2979	6102	1758	1192	3051	879	596
	西北地区	西宁	24384	11084	6036	7315	3325	1811	3658	1663	905
	东北地区	延吉	27662	11026	8821	12448	4962	3969	6224	2481	1985

U 形管集热器和热管式集热器的成本较高，目前应用也不是很广泛，因此，仅以全玻璃真空管集热器（直接系统）和平板式集热器（间接系统）为例，分别计算了不同建筑模型不同围护结构的双供暖系统的初投资，见表 4-11。从表中

可以看出，利用全玻璃真空管集热器的初投资相比利用平板集热器系统的初投资要少，因此全玻璃真空管集热器的经济优势比较大，但其存在安全性和真空度降低的问题，可能在使用中故障率会高一点。可根据经济水平合理选取。由于建筑围护结构不同，利用太阳能采暖的初投资也有较大差异，最高花费为 6 万元左右，最低花费为 1.6 万元左右，因此应依据建筑围护结构的不同，分析其经济可行性。

表 4-11 双供暖系统初投资计算结果汇总

建筑模型	地区		全玻璃真空管集热器初投资/万元			平板式集热器初投资/万元		
			非节能	节能 65%	节能 75%	非节能	节能 65%	节能 75%
典型单层建筑	华北地区	北京	3.3	1.9	1.69	5.02	2.53	2.14
		石家庄	3.15	1.84	1.63	4.76	2.42	2.05
		唐山	3.37	1.98	1.76	5.15	2.67	2.28
	西北地区	西宁	5.79	3.40	2.25	8.85	4.59	2.92
	东北地区	延吉	5.98	3.51	3.68	9.13	4.73	4.70
典型两层建筑	华北地区	北京	3.77	2.14	1.91	5.69	2.78	2.37
		石家庄	3.62	2.08	1.86	5.42	2.67	2.28
		唐山	3.92	2.19	1.94	5.96	2.88	2.43
	西北地区	西宁	6.38	3.56	2.54	9.70	4.69	3.18
	东北地区	延吉	7.11	3.97	4.15	10.81	5.22	5.20

从华北地区数据可知，若建筑为非节能建筑，利用全玻璃真空管的初投资在 3.2 万～4 万元，且每年采暖的电费花费预估为 2600 元左右，取暖费用高，有些富裕家庭尚可接受。若利用平板集热器，其采暖的初投资更高，达到 4.8 万～6 万元，一般用户很难接受。同时，由于其集热面积较大，单层建筑采用直接系统时，能够布置集热器，采用间接系统时，集热器布置比较困难；而两层建筑的占地面积才 60 多平方米，直接系统已经很难布置集热器，间接系统则根本布置不了这么多集热器。双供暖系统如果要在两层以上非节能建筑中实施，则只能降低太阳能保证率。

2. 降低太阳能保证率

（1）集热面积

新型绿色双供暖系统是将太阳能光热系统与碳纤维地暖系统相结合，碳纤维地暖系统可以有效保证供暖，因而可以降低太阳能的保证率，从而减少初投资，但运行费用会增加，用户可以根据情况进行选择。太阳能保证率取 0.3，分别计算直接系统和间接系统的集热面积，其计算结果见表 4-12 和表 4-13。从表中可以看出，降低太阳能保证率后，两层非节能建筑采用直接系统能够布置集热器，采用间接系统也基本能够布置集热器。

表 4-12 直接系统集热面积

建筑模型	地区		直接系统集热面积/m²		
			非节能	节能 65%	节能 75%
典型单层建筑	华北地区	北京	32.87	11.96	8.71
		石家庄	30.70	11.02	7.91
		唐山	34.01	13.13	9.82
	西北地区	西宁	58.43	22.00	11.1
	东北地区	延吉	60.30	24.40	19.52
典型两层建筑	华北地区	北京	36.73	12.31	8.81
		石家庄	34.48	11.39	8.08
		唐山	38.99	13.14	9.35
	西北地区	西宁	63.46	22.59	12.3
	东北地区	延吉	70.69	27.04	21.63

表 4-13 间接系统集热面积

建筑模型	地区		间接系统集热面积/m²		
			非节能	节能 65%	节能 75%
典型单层建筑	华北地区	北京	46.96	17.08	12.44
		石家庄	43.86	15.74	11.30
		唐山	48.58	18.76	14.03
	西北地区	西宁	83.55	31.46	15.87
	东北地区	延吉	86.23	34.89	27.91
典型两层建筑	华北地区	北京	52.46	17.58	12.59
		石家庄	49.26	16.27	11.54
		唐山	55.70	18.77	13.35
	西北地区	西宁	90.75	32.3	17.59
	东北地区	延吉	101.09	38.67	30.93

（2）初投资和运行费用

降低太阳能保证率后系统初投资见表 4-14，运行费用见表 4-15。从表中可以看出，若建筑为非节能建筑，利用全玻璃真空管的初投资在 2.4 万～2.8 万元，且每年采暖的电费花费预估为 3600 元，取暖费用高，有些富裕家庭尚可接受。若利用平板集热器，其采暖的初投资更高，达到 3.3 万～4 万元，一般用户较难接受。

若建筑为节能65%建筑，系统的采暖投资相对较少，利用全玻璃真空管集热器为1.6万～1.8万元，预估每年的电费花费为1000元，对普通家庭而言，尚可接受。若利用平板集热器，其采暖的初投资为2万～2.3万元，略高于真空管集热器。

若建筑为节能75%建筑，系统的采暖投资相对节能65%的建筑变化不大，利用全玻璃真空管集热器价格在1.5万～1.7万元，预估每年的电费花费为700元左右，一般家庭都可以接受。平板集热器系统的电费花费相对较高，投资在1.7万～2万元，略高于真空管集热器。

表4-14　双供暖系统初投资计算结果汇总

建筑模型	地区		全玻璃真空管集热器初投资/万元			平板式集热器初投资/万元		
			非节能	节能65%	节能75%	非节能	节能65%	节能75%
典型单层建筑	华北地区	北京	2.45	1.67	1.55	3.47	2.04	1.82
		石家庄	2.37	1.63	1.52	3.33	1.98	1.76
		唐山	2.50	1.71	1.59	3.55	2.12	1.89
	西北地区	西宁	4.29	2.94	2.03	6.10	3.64	2.42
	东北地区	延吉	4.43	3.03	3.33	6.29	3.76	3.96
典型两层建筑	华北地区	北京	2.73	1.81	1.68	3.87	2.19	1.95
		石家庄	2.64	1.78	1.65	3.71	2.13	1.90
		唐山	2.81	1.84	1.70	4.02	2.25	1.99
	西北地区	西宁	4.57	3.00	2.22	6.54	3.66	2.61
	东北地区	延吉	5.09	3.34	3.64	7.29	4.08	4.26

表4-15　建筑模型采暖能耗和运行费用结果汇总

建筑模型	地区		采暖季能耗/(kW·h)			电采暖运行费用/元			双供暖运行费用/元		
			非节能	节能65%	节能75%	非节能	节能65%	节能75%	非节能	节能65%	节能75%
典型单层建筑	华北地区	北京	13299	3747	2685	5320	1498	1074	3724	1049	752
		石家庄	12950	3443	2308	5180	1378	924	3626	965	647
		唐山	14731	4057	2749	5892	1622	1100	4124	1135	770
	西北地区	西宁	25306	8845	4463	7592	2654	1339	3796	1327	669
	东北地区	延吉	26119	9950	7960	11754	4478	3582	5877	2239	1791

续表

建筑模型	地区		采暖季能耗/(kW·h)			电采暖运行费用/元			双供暖运行费用/元		
			非节能	节能65%	节能75%	非节能	节能65%	节能75%	非节能	节能65%	节能75%
典型两层建筑	华北地区	北京	13688	3861	2678	5476	1544	1072	3833	1081	750
		石家庄	13667	3739	2501	5466	1496	1000	3826	1047	700
		唐山	15257	4396	2979	6102	1758	1192	4271	1231	834
	西北地区	西宁	24384	11084	6036	7315	3325	1811	3658	1663	905
	东北地区	延吉	27662	11026	8821	12448	4962	3969	6224	2481	1985

3. 蓄热和间歇性采暖

双供暖系统中，白天建筑所需热量较少，而太阳能提供热量较多；晚上所需热量较多，而太阳能不能提供，全部由碳纤维采暖系统提供。为了平衡白天与晚上热量的供需不平衡问题，在系统中设置蓄热水箱。通过蓄热水箱进行供需平衡，能够使太阳能采暖的时间延长到晚上（很多太阳能采暖实例表明能够延长至晚上 22 点左右，不同围护结构形式差别较大）。

根据表 4-15 计算结果，非节能建筑总能耗约 13000kW·h，按照华北地区采暖期 120 天计算，折合每天 108kW·h，其中太阳能保证率为 0.5，其产生热量为 54kW·h，若按照蓄热量 50%计算，热水温升取 30℃（最高蓄热 60℃，最低运行 30℃），则所需蓄热水箱的容积为 770L，选取 1t 的蓄热水箱能满足要求。

节能建筑总能耗约 4000kW·h，同理计算所需蓄热水箱的容积为 240L，选取 0.5t 的蓄热水箱能满足要求。

若能适当牺牲舒适性要求，可采用间歇性采暖方式，来降低建筑冬季的采暖能耗，减少系统的运行费用。由于冬季晚上的大部分时间人们处于睡眠当中，若室温能够维持 14℃以上，厚实的棉被可以提供保暖性和舒适性的睡眠环境。而冬季的白天由于人们在室内活动，对室内热环境有相对较高的要求，需要保证室内的采暖温度需求，因此，通过间歇性运行太阳能采暖系统来满足人们采暖的需求从理论上是可行的。

间歇性采暖运行模式是将每天晚上 22 点后太阳能采暖不能满足要求时，不直接启动碳纤维电采暖，而是室温降至 14℃时才启动碳纤维电采暖系统。而在早上 6 点时段，室内采暖温度继续设定为 18℃。若与降低太阳能保证率相结合，可在降低初投资的基础上，减少运行费用，而运行费用减少的程度，受影响因素较多，很难进行定量分析，可在后期应用实践中继续探索。

4. 技术经济方案

通过上述分析，可以看出非节能建筑单利用双供暖系统经济性较差，初投资高，运行费用也高。但随着建筑围护结构性能的提高，使用太阳能采暖的经济可行性明显提高，采暖花费由 3000 元左右减少为 1000 元以下。因此，建筑围护结构保温性能的提高对于建筑应用双供暖系统有很大影响，建议低层建筑在改善围护结构保温性能的基础上，再考虑使用双供暖系统。

在上一节中，考虑了降低太阳能保证率的双采暖系统的技术经济性，可以看出降低太阳能保证率后在一定程度上降低了系统的初投资，但提高了运行费用，用户可自行选择，同时还可采取间歇运行的方式降低运行费用。但不同围护结构体系下，其措施的节约初投资和运行费用的效果不同，可以看出 65%节能标准的围护结构，其技术经济性最好。

结合前面的计算分析结果，提出实施双供暖系统技术经济方案，见表 4-16。

表 4-16 双供暖系统技术经济方案

<table>
<tr><th>围护结构</th><th>方案</th><th>采取措施</th><th>效果</th></tr>
<tr><td rowspan="2">非节能</td><td>方案一</td><td>降低太阳能保证率</td><td>室温可达 18℃，运行费用高</td></tr>
<tr><td>方案二</td><td>降低太阳能保证率+采用间歇性采暖</td><td>房间在早 6 点～晚 22 点室温可达 18℃，可降低运行费用</td></tr>
<tr><td rowspan="3">节能 65%</td><td>方案一</td><td>按照标准设计</td><td>室温可达 18℃，投资高，运行费用低</td></tr>
<tr><td>方案二</td><td>降低太阳能保证率</td><td>室温可达 18℃，投资低，运行费用高</td></tr>
<tr><td>方案三</td><td>降低太阳能保证率+采用间歇性采暖</td><td>房间在早 6 点～晚 22 点室温可达 18℃，投资低，运行费用低</td></tr>
<tr><td rowspan="3">节能 75%</td><td>方案一</td><td>按照标准设计</td><td>室温可达 18℃，投资高，运行费用低</td></tr>
<tr><td>方案二</td><td>降低太阳能保证率</td><td>室温可达 18℃，投资低，运行费用高</td></tr>
<tr><td>方案三</td><td>降低太阳能保证率+采用间歇性采暖</td><td>房间在早 6 点～晚 22 点室温可达 18℃，投资低，运行费用低</td></tr>
</table>

4.3 本章小结

将太阳能光热系统与碳纤维地暖系统相结合，提出了新型绿色双供暖系统，并对其应用的技术经济性进行了分析，主要研究结论如下：

第一，对太阳能热水采暖系统和碳纤维地暖系统的理论进行了分析，得到了两个系统相结合的新型绿色双供暖系统设计理念和施工工艺；

第二，建立低层建筑模型进行计算，通过分析太阳能采暖的建筑负荷、得热量和系统成本等影响因素，研究了新型绿色双供暖系统在北方地区低层建筑尤其是农村建筑中应用的技术经济性；

第三，“太阳能＋电直热（碳纤维）”联合供暖系统除了年运行费用高于太阳能＋热泵联合供暖系统外，在系统造价、使用年限、稳定性、适用性等方面均比国内外目前常用的“太阳能＋燃气壁挂炉”“太阳能＋热泵”有较大的优势。

5　末端采暖形式及温度响应测试

人们对环境空气品质要求越来越高，室内空气品质高低也很大程度上影响着人们的工作效率及身体健康。就冬季供暖而言，系统末端是直接作用于室内环境的部分，研究供暖末端对于建筑物选用适宜的末端形式具有实际应用意义。

5.1　末端采暖形式

我国的严寒区与大部分寒冷区均使用集中供暖形式，然而，对于夏热冬冷区没有集中供暖的乡镇来说，居民也往往会自发采取措施供暖。如何选取合理的供暖系统，这是始终需要面对的问题。现将常规供暖设备大体上分为以下几类。

5.1.1　地板辐射供暖

辐射供暖是以辐射为主要散热途径的供暖形式，热源的能量大都是通过辐射直接传递给室内摆放物件及人员，而被加热体又会对人体再一次作用；与此同时，房间还有另一种散热途径——对流换热，这种形式会使气温与辐射换热时，一些热量以对流传热形式使室内空气温度提高。按照热源形式也可以将地板辐射供暖划分为电加热膜型与低温热水型两种。低温热水型地板辐射供暖的换热过程大致有以下过程：

第一，热水在流入地板末端盘管后与末端盘管的管壁内表面进行强制对流换热；

第二，末端盘管的壁面通过导热与地板层进行换热；

第三，地板表面与室内加热体、空气以及墙体等外围护结构间经辐射和对流换热使得室内的失得热量保持平衡，从而实现室内温度保持基本恒定。

5.1.2　散热器供暖

它是由热源制备的热水或水蒸气进入室内末端散热设备，进而向供暖房间供给热量，将室温升高至所需温度，以实现供暖目地。散热器在室内的散热过程大体可以分为以下阶段：

第一，热媒流经散热器管壁内表面，将其所携带的热能以对流换热方式传至散热器壁；

第二，散热器管壁内表面再以导热传热将热能传导于其外壁面；

第三，散热器、物体、空气以及围护结构间再以辐射及对流换热使得室内处于热量平衡状态，从而保证室温的基本稳定。

5.1.3　风机盘管供暖

热泵型空调一般由室内机、室外机、管道等部件组成，同时有制冷和制热两种模式，夏季采用制冷模式用于房间降温，冬季则启动制热模式对房间供暖。

5.2　不同采暖形式的温度测试响应

5.2.1　测试目的

对于大部分的供暖用户来说，供暖末端营造的室内舒适度只是众多考虑因素中的一种。供暖设备用户除了考虑热舒适度外，还应充分考虑各类供暖设备运行时房间温度的响应速度，尤其是对于间歇供暖的办公建筑而言。采取模拟软件来研究解决实际的工程问题时，往往会把复杂的实际工程问题简化，但通过简化模型再模拟结果往往与实际情况有出入，降低准确性。因此，关于房间温度响应的研究将通过对实验室进行实际测试，通过实测的方法来研究散热器供暖、风机盘管供暖与地板辐射供暖条件下房间的温度响应情况。

5.2.2　测试对象

测试用实验室是某教室，该房间同时安装了散热器供暖系统、地板辐射供暖系统以及风机盘管供暖系统。为了尽量保证试验的准确性，测试时间选为气候条件相似的几天，并且为防止不同供暖末端在各自测试条件下产生相互影响，在结束了某一项供暖末端的测试之后，系统会停止运行一段时间，在等到围护结构恢复到对下一项研究不产生影响的状态时再进行下一项供暖末端的测试工作。受测试条件的限制，涉及的空调末端供暖及地板辐射供暖用热源均是空气源热泵，而散热器供暖是来自于集中供热的室外管网。试验主要任务是分别测量三种供暖末端供暖系统启闭动作之后，测试房间的室内测点温度变化情况，以期得到室内温度变化相关规律。

5.2.3　相关建筑参数

室内外设计参数和围护结构热工参数见表 5-1 和表 5-2。

表 5-1　室内外设计参数

	室内设计参数	室外设计参数
温度/℃	18	−7
相对湿度/%	50	23

表 5-2　围护结构热工参数

墙体材料	传热系数/[W/(m^2·K)]
外窗	$K<6.0$
墙体	$K<1.2$
楼板	$K<1.6$

1. 散热器供暖

(1) 热源

本测试房间散热器供暖系统热媒来自室外集中供暖管网，热水产自燃气锅炉房，所提供的采暖供水温度为 65℃，由供回水管、水泵等设备的热源直接向末端提供。

图 5-1　铸铁板翼型散热器

(2) 供暖末端

供暖末端选用铸铁板翼型散热器，如图 5-1 所示，其最大承压能力 0.7MPa。单散热器尺寸为 50mm×100mm×6000mm (长×宽×高)。散热器和供回水管之间由钢管相连。

(3) 供暖控制装置

散热器供暖房间温度通过热媒进水温度及流量控制。但是由于条件限制，热媒的进水温度基本保持不变，而流量则可以通过流量控制阀进行控制。在本次测试中，手动控制通过安装在管道上的阀门来调节散热器流量。

2. 地板辐射供暖

(1) 热源

本次测试房间地板辐射系统的热水由空气源热泵室外机组制备。地板辐射系统的供水温度设定为 40℃，而供回水温差为 5℃。

(2) 供暖末端

地板辐射供暖系统的末端地埋盘管为耐热聚乙烯管（PE-RT）（图 5-2），管材内径16mm，盘管间距约150mm，采用单蛇形方式。由于该实验室是在既有建筑的基础上改建的，采用干式工艺（图5-3、图5-4），即将埋管用耐热聚乙烯管在模板上直接固定，由于原地板表面平整光滑，可以直接将制作完成的地暖模板铺设在原地板表面。干式地埋盘管方式有节约空间、施工便捷、快速等优点，但是这种布管形式要求房间原有地板表面的平整度较高。为了达到盘管间的水力平衡，室内盘管共分为三组，分别与室内分集水器相连接，分集水器收集室外机组制取的热水来对室内供暖。

图5-2　地暖用耐热聚乙烯管

图5-3　地暖干式埋管

图5-4　干式埋管铺设木地板

（3）供暖控制装置

地板辐射供暖主要是通过温度控制器进行控制（图5-5）。温度控制器与安装在分集水器上的电磁控制阀（图5-6）相连接，用户可以采用温度控制器来控制点执行器的启闭，从而控制进入到测试房间的地埋管热水来调节房间的温度，此试验测试中进入地埋盘管的热水流量为1.22m^3/s，供水温度为40℃。

3. 热泵型空调末端供暖

（1）热源

热泵型空调供暖系统的热媒由室外空气源热泵机组提供，该室外机型号为YVAG012RSE20（图5-7），机组制冷剂采用R410A，机组制冷/制热输入功率为3.8kW/3.8kW，机组制冷量为11.2kW，机组制热量为12.6kW。

图 5-5　地暖系统温度控制器

图 5-6　电磁控制阀

图 5-7　空气源热泵系统室外机组

（2）供暖末端

该空调供暖系统末端是型号分别为 FJDP36NVC 的天花板卧式暗装室内机及 YGFC3HXRG 的四出风型风机盘管机组（图 5-8、图 5-9），额定制热量为 4.0kW。三台室内机分别安装在房间的西侧、中间和东侧。西侧安装风机盘管上侧送风（图 5-8），中部安装的是天花板嵌入型四出风型风机盘管（图 5-9），东部安装散流器，风口朝下（图 5-10），通过风管与风机盘管与室内机相连接。

（3）供暖控制装置

空气源热泵供暖室内温度控制可以通过温度控制面板设定室内温度值，还可以通过遥控设备来实现对设备送风温度及送风量的灵活调节。

图 5-8　风机盘管接侧送风

图 5-9　室内天花板嵌入式四出风

图 5-10　风机盘管接下送风

5.2.4　测试方法

本试验测试时间为 2018 年 1 月，主要围绕同时安装了散热器供暖、风机盘管供暖以及地板辐射供暖系统的实验室进行相关测试。为了减少外界因素对试验测试结果的影响，确保其准确性，应尽量避免人员走动或频繁启闭房门。同时，因为三种供暖形式是在同一房间测试的，所以需要挑选室外条件基本相同的时间且各系统测试间有足够的时间差使得房间的初始状态差别不大。该测试使用实验室的几何尺寸为10.8m×8.4m×3.5m。该实验室供暖用散热器安装位置是在南外墙内侧窗户下，共三组。室内热泵型空调末端的送回风口均为矩形风口。

5.2.5 测试结果分析

1. 机组启动后室内温度变化

（1）散热器供暖

打开以散热器作为末端供暖系统的控制阀件，该系统中供水温度为65℃，房间温度变化情况如图5-11～图5-14所示。

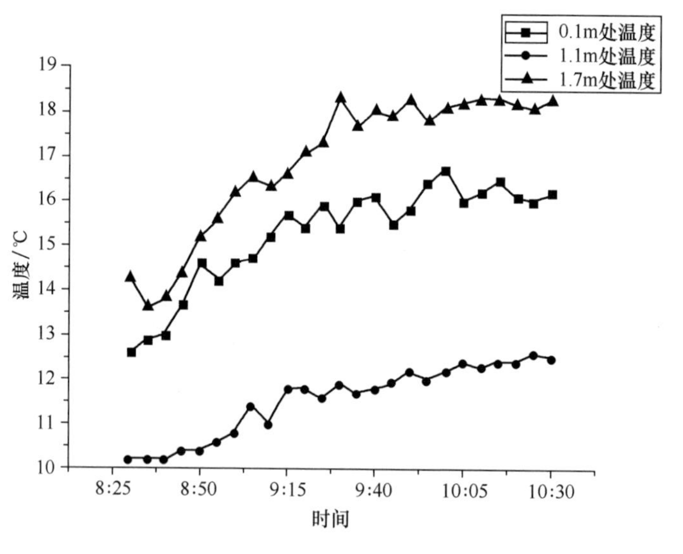

图5-11 室内不同高度处温度变化

图5-11中各条曲线分别表示房间高度为0.1m、1.1m、1.7m处的室内平均温度。在以散热器作为供暖末端，供暖系统开始工作65min后，测试室内各截面温度基本上满足了冬季供暖舒适度要求。在距离地板表面0.1m处（即脚踝周围区域）温度从大约10.3℃提高到12.7℃左右；在距离地面1.1m处（即测试人员在坐姿条件下呼吸区域）温度波动幅度较大，温度稳定后大约是15.5℃；在距离地板表面1.7m处（即人体在站立状态下呼吸区域）温度稳定后大约达到17.5℃，之后温度会出现小范围的波动现象。经过进一步分析得出，散热器采暖室内人体活动区垂直温差约为5℃，这主要是因为该测试房间本身的围护结构存在一定的缺陷，房间南外墙的三樘8mm厚的大玻璃窗本身的热工性能较差，冷辐射现象严重，且由于其严密性问题而产生的冷风渗透问题也是不可忽视的。

图5-12中各条曲线代表测试房间四面墙体的表面温度变化情况。分析该图

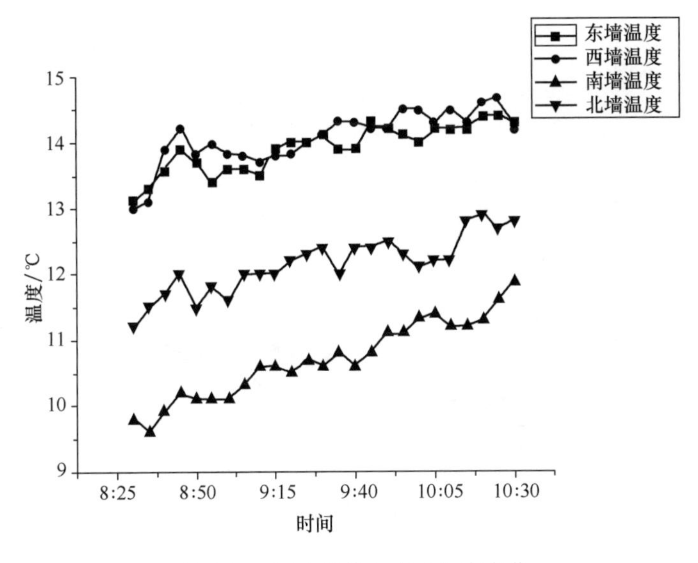

图 5-12 室内墙体内表面温度变化

可以看出，墙体表面温度大体都是随着测试的进行呈现逐步上升的势态。东向墙体在测试开始后 120min 内温度变化情况为由起始值 13.2℃上升至 14.5℃；西向墙壁内表面温度变化与东向墙体相似，在测试期间 120min 内温度变化由起始值 13℃上升至 14.1℃；北内墙在测试的 120min 内温度变化状况是由初始值 11.3℃上升至 12.6℃；南外墙温度变化较大，在测试的 120min 内，温度由 9.6℃上升至 11.5℃。通过对以上数据的分析，在试验测试期间，内墙温度变化有较大的波动，整体上是以上升的趋势呈现的。因为测试房间所在建筑物的外墙热工性能不佳，外墙内壁面温度较其他墙体要低一些，但还是呈上升趋势。

图 5-13 中的两条曲线分别表示房间地板表面温度及顶棚温度的变化情况。分析此图可以得出，该测试房间内顶棚表面温度在测试的 120min 内从最初的 15.4℃上升到 16.4℃；而地板表面温度在测试过程中由最初的 12.4℃上升至 13.2℃。由以上数据可得，顶棚温度变化与地面温度变化均缓慢，升温幅度较小。

图 5-14 中的曲线显示出试验测试过程中室外气温变化状况。分析该图可以看出，测试阶段室外温度持续上升，最低温度是 0.8℃，最高温度是 4.5℃，总体来说，测试期间室外温差较大。

（2）地板辐射供暖

在该系统运行期间，空气源热泵的供水温度控制在 45℃，室内温度设定在 23℃。通过对地板辐射供暖系统运行期间的测试，所得各结构变化图以及室外温度变化如图 5-15～图 5-18 所示。

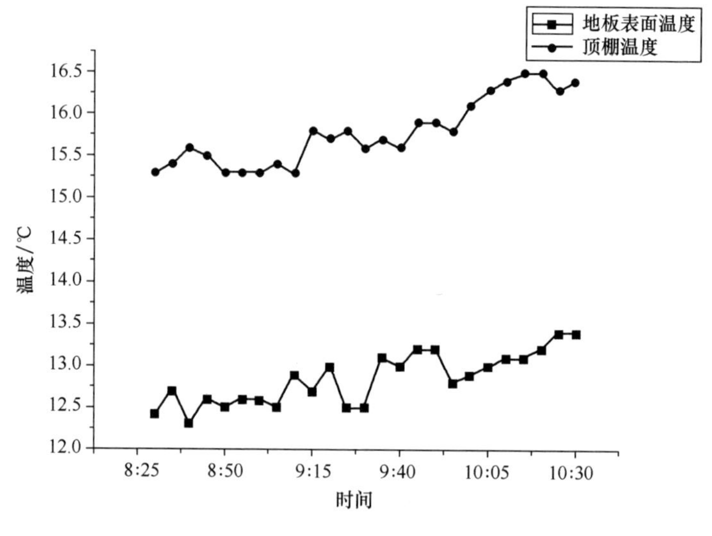

图 5-13　室内地板与顶棚温度变化

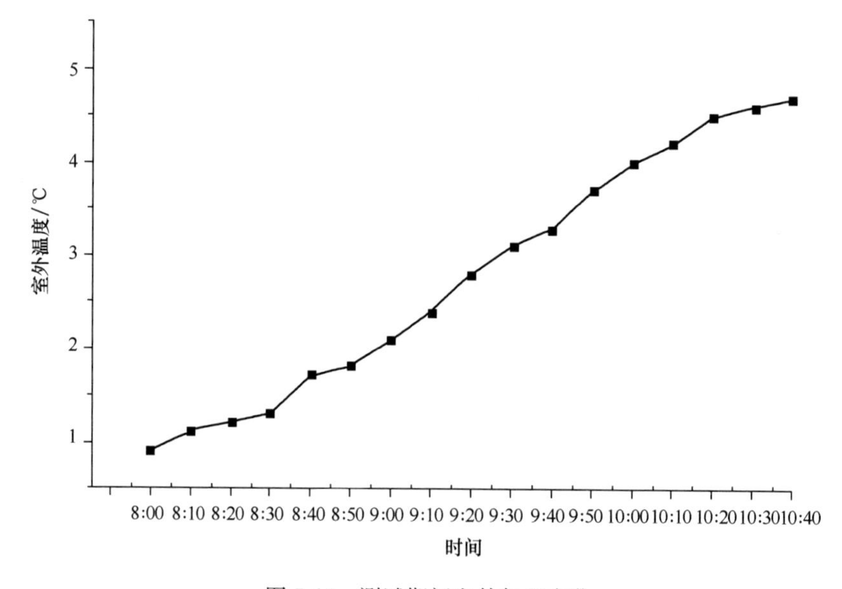

图 5-14　测试期间室外气温变化

图 5-15 中各条曲线分别表示房间高度为 0.1m、1.1m、1.7m 处的室内平均温度。分析该图可以得到，当地板辐射末端供暖系统开始运行 120min 后，距离地板表面 0.1m 处（即人体脚踝部位）房间温度上升到 15.7℃；与此同时，在距离地面 1.1m 处（即测试人员在坐姿条件下呼吸区域）温度从初始 12.0℃上升到 15.2℃；在距离地面 1.7m 处（即测试人员在站立条件下呼吸区域）温度从最初 11.9℃上升至 14.9℃。在试验期间，测试室内的垂直温差较小，而在靠近地板

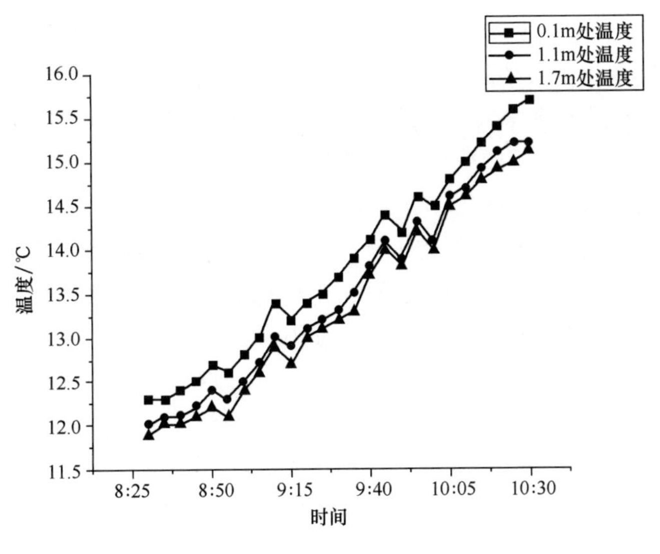

图 5-15 室内不同高度处温度变化

表面 1.7m 的高度空间区域内的温度差最大为 1℃；且房间温度呈现持续上升的趋势。因为地板辐射供暖的加热机理是经由系统地埋盘管来加热盘管从而使地面温度升高以达到提高室内温度的目的，所以这种供暖形式在近地面处的温度要高于远地面处的温度。

图 5-16 中各条曲线表示在地板辐射供暖工况下测试房间东、西、南、北四面墙体温度变化情况。分析该图可以看出，除南外墙温度上升缓慢以外，其他墙体表面温度大体都是随着测试的进行呈现逐步上升的趋势。东内墙在测试开始后

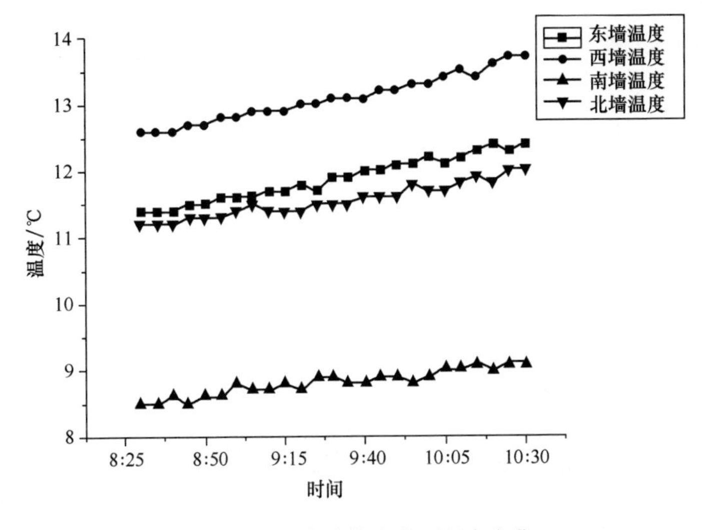

图 5-16 室内墙体内表面温度变化

120min 内温度变化由最初的 11.4℃上升至 12.3℃；西内墙在测试开始后 120min 内温度变化由最初的 12.6℃上升至 13.7℃；北内墙温度在测试过程中由初始值的 11.2℃上升到 12℃；南外墙温度变化由最初的 8.5℃上升至 9.1℃。如上节所述，因为围护结构南外墙及外窗本身的热工性能不佳，所以外墙温度上升速度较其他三面内墙慢一些。

图 5-17 中的两条曲线分别表示地面温度变化和顶棚温度变化情况。分析该图可得，该测试房间顶棚的表面温度在测试开始后的 120min 内从最初的 14.2℃上升至 15.1℃。地板表面温度在测试过程中由开始的 11.9℃上升至 18.2℃。由以上的数据可以得出，顶棚温度变化缓慢且升幅较小，但是地板表面温度升温迅速，温度升幅比较大。

图 5-18 中曲线代表在试验测试过程中室外气温变化。图中曲线表示在测试过程中室外温度是不断上升的，温度区间为 1.7～6.5℃。

（3）风机盘管供暖

通过对风机盘管供暖系统运行期间的测试，所得各结构变化图以及室外温度变化如图 5-19～图 5-22 所示。

图 5-19 中各条曲线分别表示房间高度为 0.1m、1.1m、1.7m 处的室内平均温度。分析该图可以得出，当系统运行 55min 后房间内部各平面温度基本满足房间冬季供暖要求。距离地板表面 0.1m 处（即人体脚踝部位）房间平均温度由起初的 11.5℃上升到 12.7℃；与此同时，在距离地面 1.1m 处（即被测人员处于坐姿条件下呼吸区域）温度从初始 12.1℃上升到 17.6℃；在距离地面 1.7m 处（即被测人员处于站立条件下呼吸区域）温度从最初的 12.2℃上升至 18.5℃。

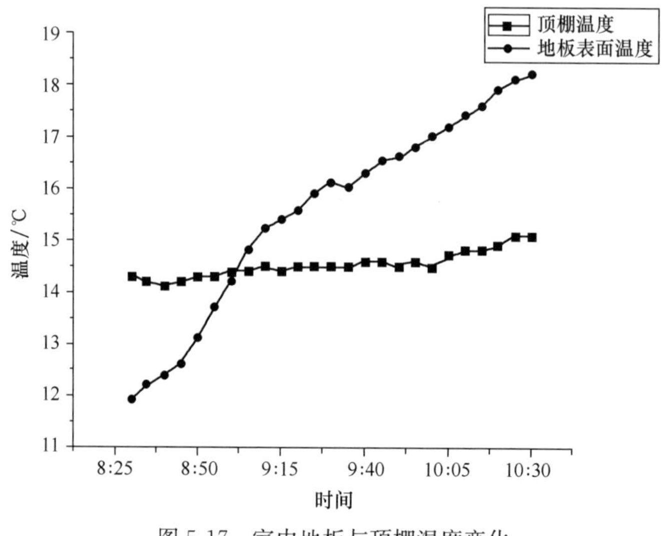

图 5-17 室内地板与顶棚温度变化

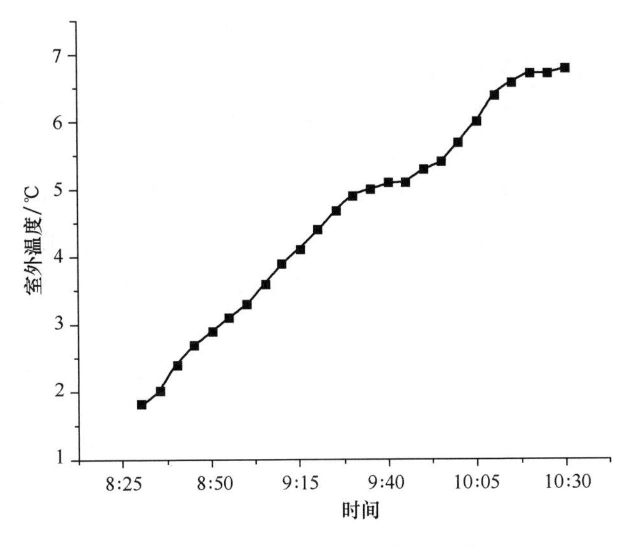

图 5-18　测试期间室外气温变化

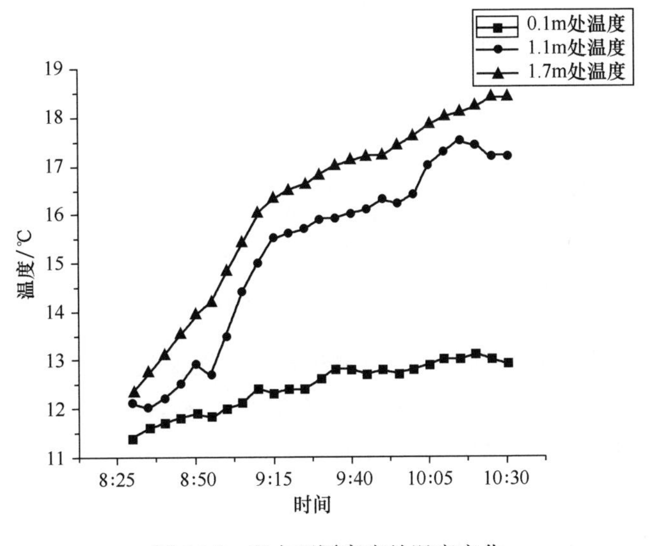

图 5-19　室内不同高度处温度变化

整个试验测试期间，距供暖房间地板地面 1.1m 处与 1.7m 处的温度差并不大，而房间的整体竖向温度差较大，从距离地面 0.1m 到近地面 1.7m 范围内的温度差最大值超过 6℃，而 ISO7730 里推荐人体头足温差（即人体头部呼吸区与脚踝处的温度差）是 3℃，现有测试结果不满足该规范要求。风机盘管末端供暖系统是采用变频模式运行，在房间内的空气温度达到预先设定值后，系统会自动停止运行，此时，测试室内温度不再上升，而室内的高位置处温度的波动范围较大。

图 5-20 中各条曲线代表在测试过程中地板辐射供暖工况下测试房间东、西、南、北四面墙体表面温度的变化情况。分析图 5-20 可以看出，墙体表面温度大体都是随着测试的进行呈现逐步上升的趋势。东内墙在测试开始后的 120min 内温度变化由最初的 12.0℃上升至 12.9℃；西内墙在测试开始后的 120min 内温度变化由最初的 12.7℃上升至 14.8℃；北内墙温度在测试过程中由初始值 11.8℃上升到 13.0℃；南外墙温度变化由最初的 10.0℃上升至 11.4℃。因为围护结构南外墙及外窗本身的热工性能不佳，所以外墙温度较其他三面内墙温度要低，又由于风机盘管的启闭，故外墙墙体内壁面的温度变化起伏比较大。

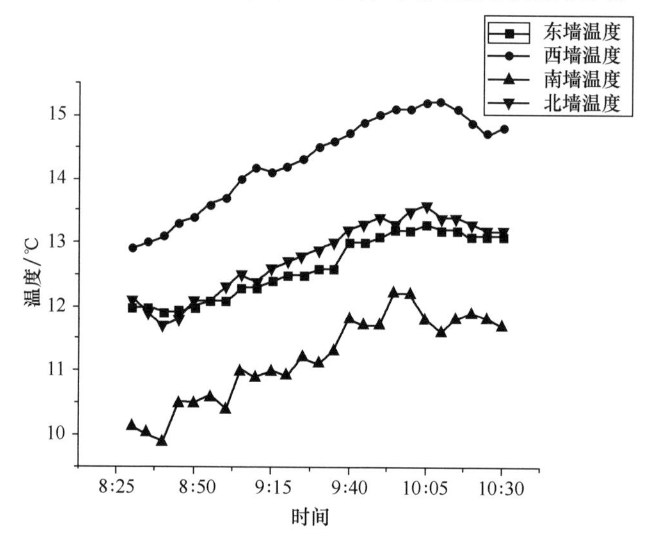

图 5-20　室内墙体内表面温度变化

图 5-21 中两条曲线分别表示测试室内地面温度变化状况与顶棚温度变化状况。分析该图可知，该测试房间顶棚表面温度在测试中的 70min 内从最初的 13.7℃上升至 20.8℃。在测试地面过程中的 120min 内，地板表面温度由开始的 11.9℃上升至 12.3℃，温度约上升 0.4℃，温度升幅较小。由以上数据得出，测试房间室内地面温度变化很慢并且升幅较小，地板表面温度变化很小。房间顶棚距离风口较近，并且室内热空气总是在房间高处聚集，故顶棚温度升温较快。

图 5-22 中的曲线代表试验测试过程中室外气温变化。图中曲线表明在测试过程中室外温度是不断上升的，温度区间为 1.4～6.4℃。

（4）对比分析

当供暖系统开启之后，从人体的活动区域温度变化情况来看，散热器供暖和风机盘管供暖房间温度上升比地板辐射供暖房间温度上升快，且空调风机盘管供暖室内的温度上升速度要比散热器供暖条件下的室温上升速度快。地板辐射供暖

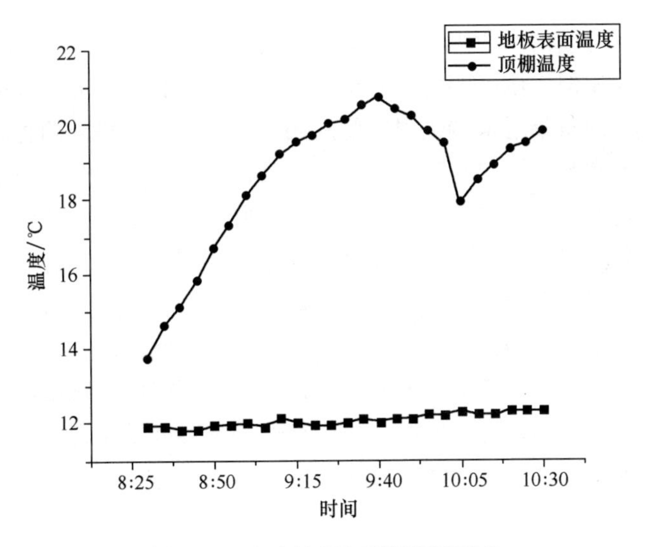

图 5-21 室内地板与顶棚温度变化

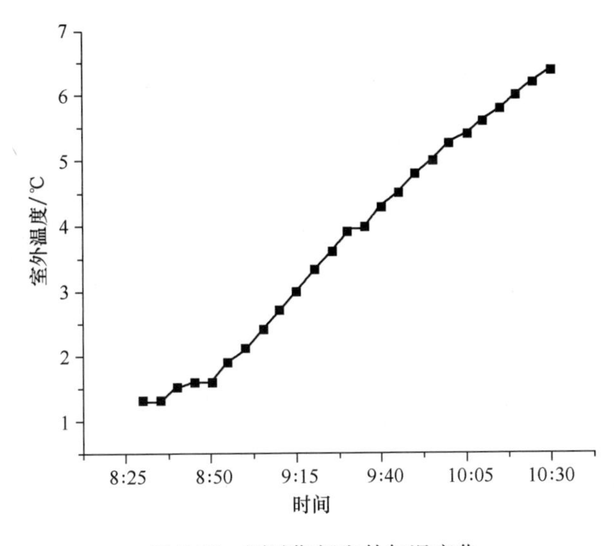

图 5-22 测试期间室外气温变化

系统在运行条件下温度响应所需时长比另外两种情况的温度响应所需时间长，地板辐射供暖房间升温缓慢。从房间竖向温差来看，地板辐射供暖室内垂直温差最小，近地面温度比室内其他区域的温度高。散热器供暖房间及风机盘管末端供暖房间在近地面处温度较低，然而房间上部区域的温度较高，人体的活动区域竖向温差比较大。产生这一现象的主要原因，一方面是散热器供暖以及风机盘管供暖这两种方式致使室内热气流向房间上部并汇集，另一方面是外窗冷风渗透导致近地面处温度比较低。

分析该测试房间的四面墙体表面温度的变化情况，三种供暖方式室内墙体表面温度升速较为相似，温度响应均有延迟现象。当三种供暖方式下的房间温度达到设计要求时，地板辐射末端供暖的房间四面墙的温度比另外两种方式的墙面温度要低。因为本次测试用建筑结构的特性，其外窗面积较大且外窗的保温性能等相关的热工性能比较差，导致南外墙壁面温度要比其余三面内墙的墙体壁面温度低很多。由于西内墙与供暖房间相连接，而东内墙与北内墙没有与采暖房间相连接，所以西内墙墙面温度高于其他三面墙体。

分析测试期间房间地面温度变化情况以及顶棚表面温度变化情况，可以看出风机盘管供暖条件下室内的顶棚温升最为迅速，地面温度变化得最为缓慢；地板辐射供暖条件下室内地面温度的提升速度稍快，且温度值比较高，顶棚温升比较小，其温度值也是较低的；散热器供暖条件下室内地板表面及顶棚表面温度升幅较小。采用空调风机盘管末端供暖系统的房间高度温度高，脚部温度低，脚凉头暖，人体舒适感不佳。地板辐射供暖运行条件下室内地面温度较高，头部区域的相对较低，人体对于环境的热舒适感觉良好。

2. 机组关闭后室内温度变化

(1) 散热器供暖

关闭以散热器作为末端供暖系统的控制阀门，测试室内的温度变化情况如图5-23～图5-26所示。

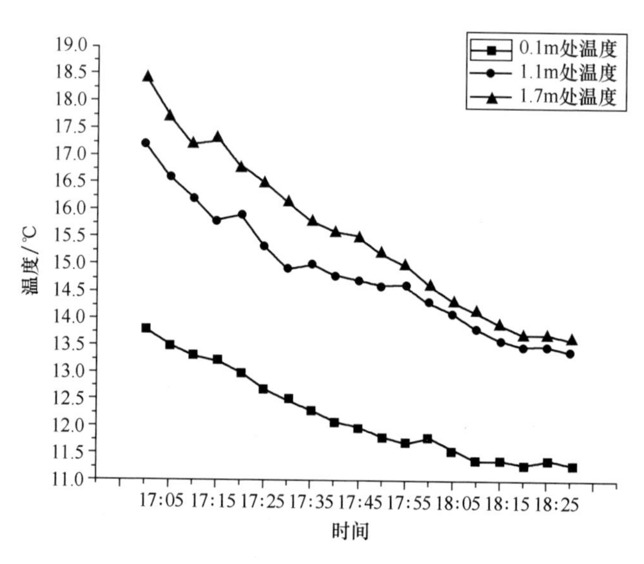

图5-23 室内不同高度处温度变化

图5-23中的各条曲线分别表示房间高度为0.1m、1.1m、1.7m处的室内平均温度。通过分析该图可以看出，当散热器供暖系统关闭90min后，距离地面

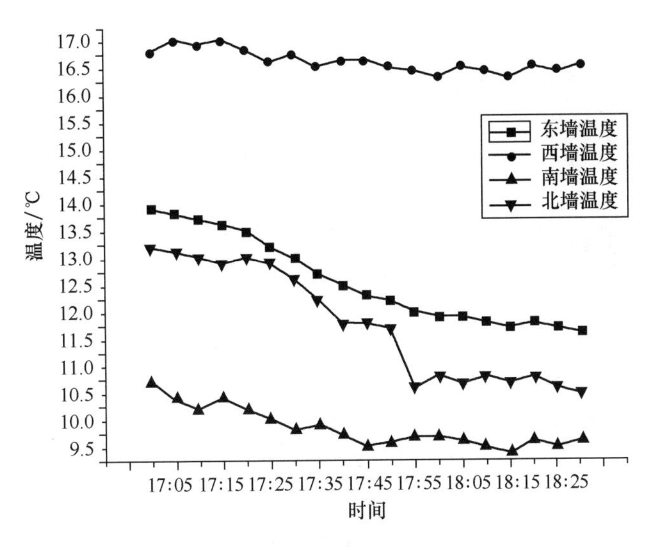

图 5-24　室内墙体内表面温度变化

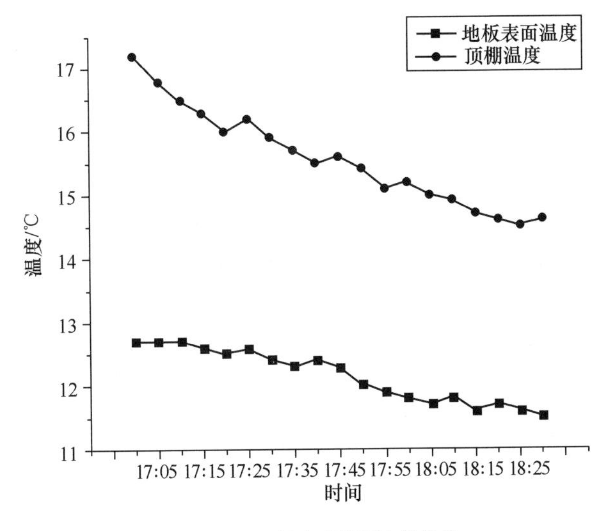

图 5-25　地板与顶棚温度变化

0.1m 处的平均温度从 13.8℃降至 11.3℃，温降为 2.5℃；距离地面 1.1m 处的平均温度从 17.2℃降至 13.4℃，温降为 3.8℃；距离地面 1.7m 处的平均温度从 18.4℃降至 13.6℃，温降为 4.8℃。

图 5-24 中各曲线分别表示测试期间室内围护结构内壁表面温度变化情况。通过分析该图能够得出，当热泵室外机组关闭之后，各墙壁表面温度持续降低。东内墙温度由 13.9℃降至 11.6℃，温降为 2.3℃；西内墙温度由 16.8℃降至 16.5℃，温降为 0.3℃；南内墙温度由 10.9℃降至 9.6℃，温降为 1.3℃；北内

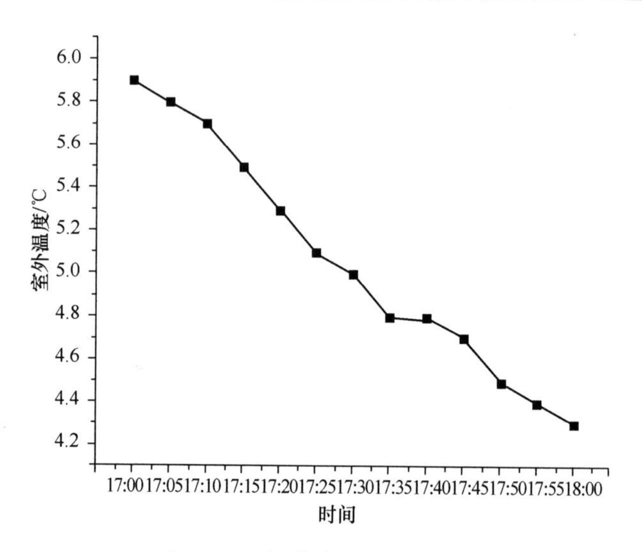

图 5-26　测试期间室外气温变化

墙温度由 13.2℃降至 10.7℃，温降为 2.5℃。系统大约在停止运行 70min 后，房间的各壁面温度大致趋于稳定。

图 5-25 中的各曲线表示测试期间室内地面及顶棚表面的温度变化情况。通过分析该图可以看到，当机组关闭之后的 90min 内，室内顶棚表面温度由最初的 17.2℃降至 14.5℃，温降为 2.7℃；而地面温度变化就比较缓慢，由 12.6℃降至 11.6℃，温降为 1.0℃。这一状况出现的主要原因为在供暖系统正常运行的条件下，地板表面温度值原本就比较低，所以在该系统关闭之后地板表面温度的下降不大。

图 5-26 中曲线表示在系统关闭后测试期间室外空气温度的变化情况，室内温度从 5.9℃下降至 4.3℃。

（2）地板辐射供暖

关闭安装在地板辐射供暖系统上的控制阀，测试期间室内温度变化情况如图 5-27～图 5-30 所示。

图 5-27 中各条曲线分别表示房间高度为 0.1m、1.1m、1.7m 处的室内气温平均值。通过对该图进行分析能够看到，当热泵室外机组停止运行之后，测试室内的温度降速较为缓慢。地板辐射供暖系统关闭 90min 之后，距离地面 0.1m 高度所在平面的平均温度从 18.2℃降至 17.5℃，温降为 0.7℃；距离地面 1.1m 处的平均温度从 17.9℃降至 17.1℃，温降为 0.8℃；距离地面 1.7m 处的平均温度从 17.1℃降至 16.0℃，温降为 1.1℃。由上述数据可以看出，房间内温度下降幅度较小，并且各层温度呈现明显下降的趋势。这是因为系统关闭后，系统开始向室内释放蓄热，所以地板辐射供暖系统的房间温度下降速度较为迟缓。

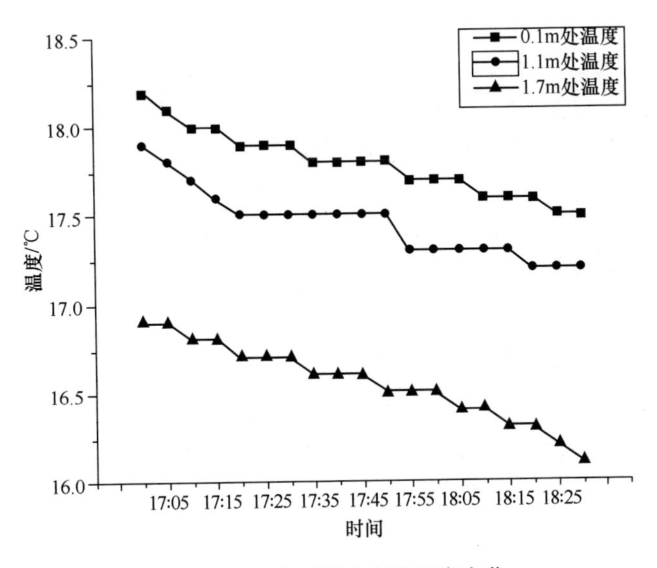

图 5-27 室内不同高度处温度变化

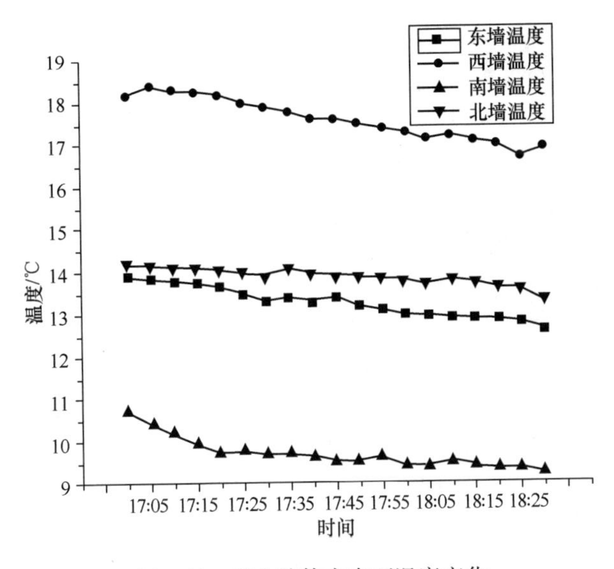

图 5-28 室内墙体内表面温度变化

图 5-28 中各曲线分别表示供暖条件下室内围护结构各墙体内表面的温度变化情况。通过分析该图可以看到，当机组关闭之后，各墙壁温度下降比较缓慢。东内墙温度是由 14.2℃降至 13.1℃，温降为 1.1℃；西内墙温度是由 18.2℃降至 17.3℃，温降为 0.9℃；南内墙温度是由 10.7℃降至 8.9℃，温降为 1.8℃；北内墙温度是由 13.9℃降至 12.6℃，温降为 1.3℃；且墙壁温度仍然呈下降趋势。

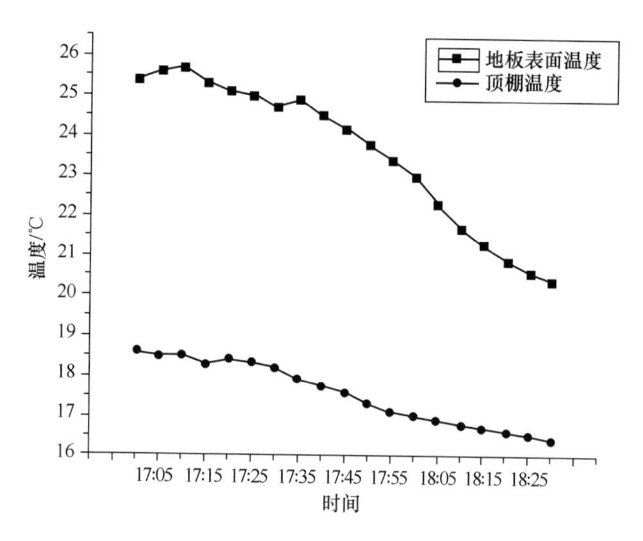

图 5-29　地板与顶棚表面温度变化

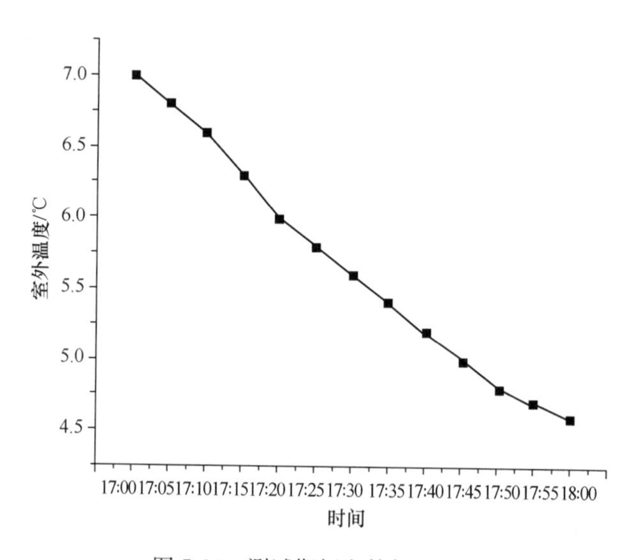

图 5-30　测试期间室外气温变化

图 5-29 中各曲线表示供暖室内地面温度变化及顶棚温度变化情况。通过分析该图可以看到，当地板辐射供暖系统关闭 90min 之后，地板表面温度由 25.3℃降至 20.4℃，温降为 4.9℃；供暖房间室内天花板表面的温度变化相对较缓，由 18.6℃降至 16.4℃，温降为 2.2℃。

图 5-30 中的曲线表示在系统关闭后室外气温的变化情况，室外温度从 7℃下降至 4.6℃。

(3) 风机盘管供暖

关闭风机盘管供暖系统的控制阀，房间温度变化情况如图 5-31～图 5-34 所示。

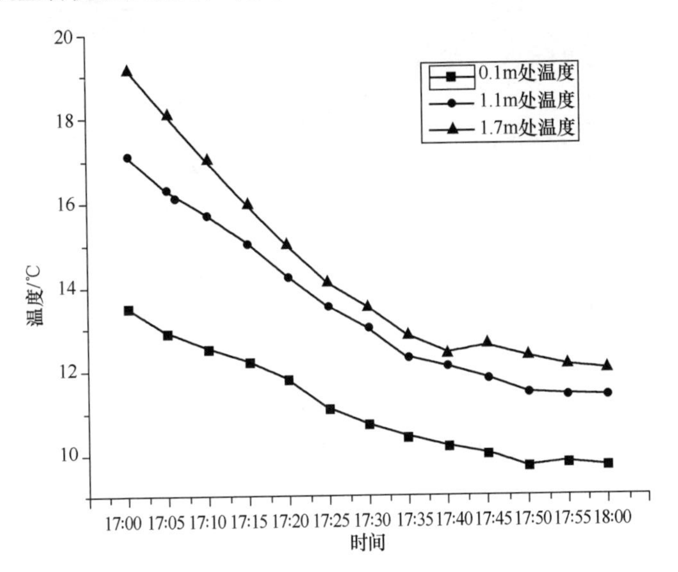

图 5-31　房间内不同高度位置温度变化

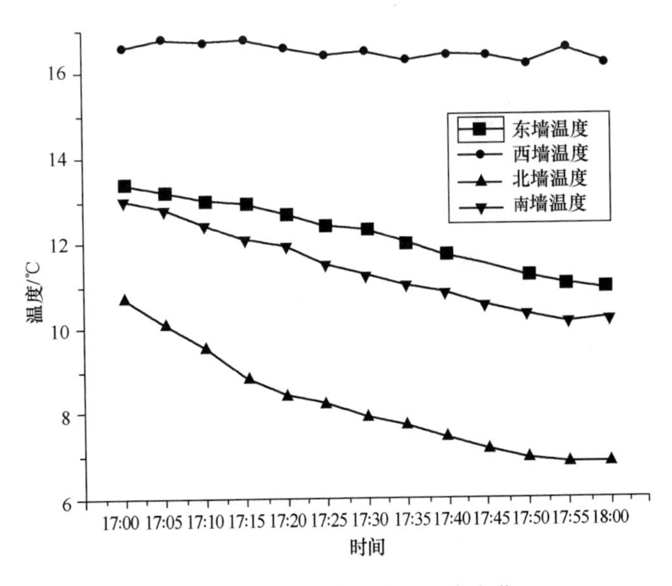

图 5-32　室内墙体内表面温度变化

图 5-31 中各条曲线分别表示房间高度为 0.1m、1.1m、1.7m 处的室内平均温度。通过分析该图能够看到，当热泵室外机组关闭之后，测试室内的温度降速较快。空调风机盘管末端供暖系统关闭 60min 之后，距离地面 0.1m 处的平均温

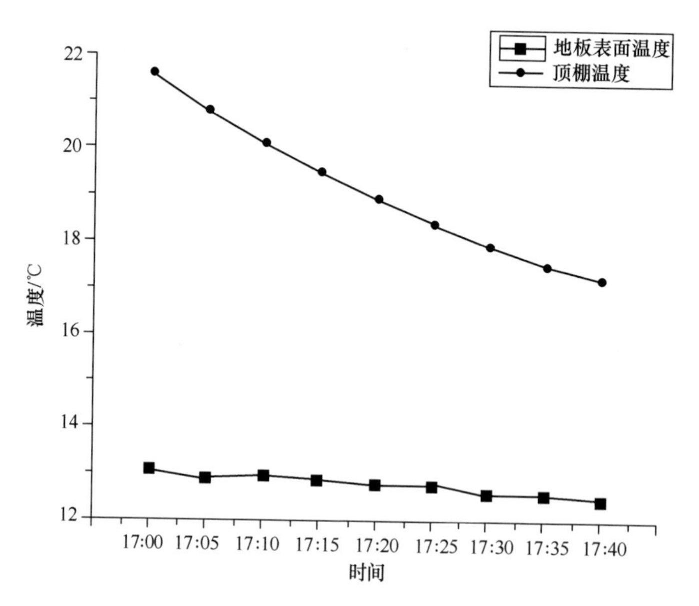

图 5-33　地板与顶棚温度变化

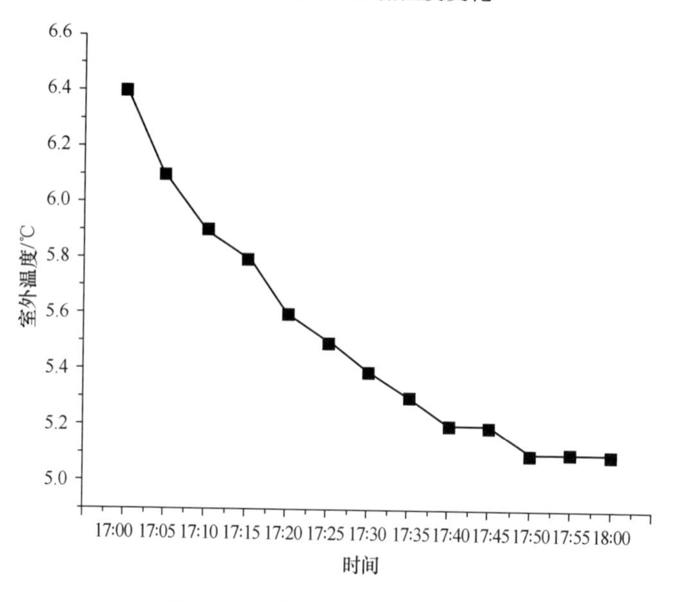

图 5-34　测试期间室外气温变化

度从 13.5℃降至 9.7℃，温降为 3.8℃；距离地面 1.1m 处的平均温度从 17.1℃降至 11.4℃，温降为 5.7℃；距离地面 1.7m 处的平均温度从 19.2℃降至 12.1℃，温降为 7.1℃。由上述试验数据可得，房间内距离地面越远，温度降幅就越大。

图 5-32 中的各曲线表示测试室内各内墙壁面的平均温度。通过分析该图可以看到，当机组关闭之后，各墙壁温度降幅不大。东内墙温度是由 13.4℃降至 10.9℃，温降为 2.5℃；西内墙温度是由 16.6℃降至 16.2℃，温降为 0.4℃；南内墙温度是由 10.7℃降至 6.8℃，温降为 3.9℃；北内墙温度是由 13℃降至 10.2℃，温降为 2.8℃。南内墙壁表面温度下降最快，西墙内壁表面温度下降最缓慢，这是西向内墙与供暖的房间直接相连的缘故。

图 5-33 中各曲线表示测试室内地面温度变化情况及顶棚的温度变化情况。通过分析该图可以看到，当机组关闭之后的 40min 内，室内顶棚表面温度下降较快，由最初的 21.6℃降至 17.2℃，温降为 4.6℃；地面温度变化就比较缓慢，由 13.1℃降至 12.6℃，温降为 0.5℃。

图 5-34 中的曲线表示在系统关闭后室外气温的变化情况。从图中曲线变化情况不难得到，在测试阶段室外的气温是持续下降的。

（4）对比分析

从房间温度变化来看，风机盘管末端供暖系统在测试过程中温度下降最快，散热器末端供暖系统房间温度下降较缓，地板辐射供暖运行条件下房间温度下降最为缓慢。分析以上现象，究其原因主要为，地板辐射供暖系统关闭以后，地板内部所储存热量会继续向室内放热。但是在地板表面温度持续下降的情况下，此后地板层将不能再不断地对室内的空气进行散热传热作用，这样一来室内的温度就会不停地降低。散热器末端供暖系统关闭之后，散热器会继续向室内放出较少的热量，所以室内温度下降得比较快。而风机盘管供暖系统关闭后，因为系统无法继续给室内提供热量来维持室温，所以这一供暖方式下房间温度下降最快。

分析以上墙体表面温度变化情况得出，空调风机盘管末端供暖系统的房间墙体温度的初始值比较低且温度变化范围不大，温度下降速度快。地板辐射末端供暖系统条件下室内围护结构墙壁表面温度的温度初始值最高，温度变化比较大，温降速度比较慢，用时较长。散热器末端供暖系统的房间墙体表面初始温度值比空调风机盘管末端供暖系统的房间墙体温度初始值要稍微高一些，散热器供暖条件下室内温度变化较风机盘管末端供暖条件下的室内温度变化大，温降所需时间也比较长。

分析以上室内地面温度变化以及室内顶棚温度变化的情况得到，风机盘管末端供暖系统室内顶棚表面的温度初始值最高，温度降速最快，温降值最大。但是，空调风机盘管末端供暖房间的地板表面温度的初始值比较低，温度变化值很小。地板辐射末端供暖系统的房间地板表面初始温度最高，温降速度最缓慢，温度降低幅度最大，但是房间的顶棚温度下降速度比风机盘管末端供暖房间的要快。散热器供暖系统运行时室内地板表面的温度变化情况和风机盘管的供暖情况比较相似，初始温度低，温度变化幅度也小。

5.3 本章小结

本章对同时安装有散热器供暖、风机盘管供暖与地板辐射供暖三种供暖形式的房间的供暖效果进行了试验测试。对于这三类不同供暖末端形式作用下的室内温度响应的相关研究结果分析如下：

第一，供暖系统开始正常运行后，散热器末端供暖房间的温度达到标准要求舒适度所需要的时间大约为 65min，此时室内竖向温差是 4.8℃，测试室内墙体结构表面温度变化比较小。空调风机盘管末端供暖房间的温度达到温度设定值用时大约为 55min，温度响应时间较快，但是这一供暖模式下的室内竖向温度差也比较大。地板辐射末端供暖在试验测试的 120min 内的房间温度并没有达到 18℃，地板表面温度能够达到 18.2℃，测试房间室内的垂直温度差最小。散热器供暖及风机盘管供暖条件下测试房间温度变化较快，这就表明这两种供暖方式下室内温度响应较快，而地板辐射供暖条件下测试房间的温度变化相对比较缓慢，这就表示该供暖方式下室内温度响应迟缓。

第二，当供暖系统关闭之后，散热器末端供暖房间需要经过大约 70min 后大致稳定。空调风机盘管末端供暖房间大约需要 40min 后房间温度趋于稳定。地板辐射末端供暖房间在经过测试时间 90min 之后房间仍呈现温度降低的趋势。由上述分析可以看出，地板辐射末端供暖房间在系统停止运行后，房间温度的下降速度比另外两种供暖方式的速度更加缓慢。

6 大数据供热平台

随着物联网技术与信息技术的发展，传统供热行业开始探索与大数据技术和物联网技术相结合的发展方式，供热企业开始采集供热数据，并进行挖掘与分析指导供热系统运行。对供热数据进行分析和挖掘有利于在保证供热质量的同时合理利用能源，并且通过对供热管网进行监控和分析可以辅助热网运营，保证供热过程高效运作，从而实现能源的高效利用，减轻对环境的污染，提高供热的质量，为正常的生活和工作提供保障。

6.1 研究背景

目前集中供热在我国北方冬季供热领域中占主导地位。然而，随着北方进入供暖期，空气污染程度雪上加霜，空气质量指数（Air Quality Index，AQI）频繁爆表，热电站和区域锅炉房所产生的污染物和 PM2.5 细颗粒物被认为是主要原因之一，同时供热还产生大量温室气体。当前多数供热公司仍采用传统经验来决定供热负荷，供热方式粗放，供热过程存在大量的热量浪费。

随着物联网技术与信息技术的发展，传统供热行业开始与之结合并开启了新的发展模式，采集供热过程中的各类参数对供热过程实施实时监控。随着数据库技术、大规模数据存储技术和数据分析技术等各项技术的发展，各行各业纷纷转向数据化发展行列，重要信息蕴藏在海量数据的背后，对企业的运营发展和决策有巨大的参考价值。物联网技术在供热行业的应用为供热企业积累了丰富的供热数据，如何对这些数据进行挖掘和分析将关系到企业的运行决策，采取先进合理的数据挖掘技术将大大促进供热公司的发展和决策，最终促成能源的高效利用，减少对生态环境的污染。

互联网与传统供热间的紧密结合使得供热过程逐步精细化，提高了集中供热的效率，实现了能源的合理利用。供热互联网以传统的水力计算方法为基础，运用大数据技术和机器学习的方法构建水力模型和热力工况模型，对供热过程进行监控与预测，实现在热源生产端、热网的热传输过程和热用户终端都尽可能实现精准和精细化，为供热用户提供个性化服务，满足用户的各方面需求。因为供热系统的复杂性，供暖的品质取决于多种因素，为了实现供热节能，需要对供热进行预测来指导热网的运转与调节。虽然供热公司和学者对供热预测开展了一定的研究，但是由于供热系统本身具有非线性、时滞性、内部关联性强和影响因素多等特质，进行供热预测和控制存在着技术难度。

在进行集中供热管网设计时，根据额定的流量分配设计方案，需提前计算热网的各类参数，比如管段的直径和阻力参数等，进一步绘制管网的动态参数曲线，以选择与曲线特征相匹配的水力设备。然而在实际的管网调控和运营中，管道由于损耗和水垢等原因，管径和阻力系数等参数产生变化，此外，管道还可能因恶劣天气或施工事故遭到损坏。为了确保热网的运转状态良好，关键是精确地估计管网的水力参数，以指导供热管网的正常运作，合理分配管网流量，保证供热质量。

6.2　供热数据分析系统

随着能源互联网的普及，供热数据在线分析成为可能。传统供热存放，存在大量的热量浪费，供热数据分析系统依托于供热互联网，以传统水力计算模型为基础，运用大数据技术和机器学习的方法构建水力模型和热力工况模型，实现在热源生产端、热网的热传输过程和热用户终端都尽可能实现精准和精细化，对每个用户实现个性化服务，满足用户的特定需求。与传统集中供热相比，采用在线数据分析系统指导供热，能够降低供热的能耗。此外，采用精细化的智能供热，可使得城市供热的管理模式得到较大的提升。供热数据分析系统为热用户和供热公司提供前台应用，可以使得双方能够可视化地了解供热质量等信息。

6.2.1　供热物联网技术

供热物联网可进行有线和无线方式的通信，在供热系统中进行信息采集和处理的任务，以网络为信息传递载体，为城市供热进行信息辅助与自动控制。城市供暖系统物联网由用于数据采集的传感网、用于数据传输的互联网和用于数据管理与分析的计算中心组成，供热物联网的组成如图 6-1 所示。

供热系统传感器主要包括热、电、水、气计量表，室内室外温度传感控制器，水阀控制器和压力、流量等参数采集器。供热系统传感器的运作机制为：将暖气终端及控制器通过互联网与供热服务器相连接，暖气终端的传感器采集居室内温度、热水流量和压力以及阀门的开度，客户端为热用户和供热公司提供用户接口。其中室温采集对工业节能有重大意义，是评判供热质量的重要标准，为调整热网的热力工况和平衡水力工况提供了依据。供热物联网中的供热计量任务离不开射频识别技术（RFID）的推动作用，基于 RFID 技术读卡器可以读取射频

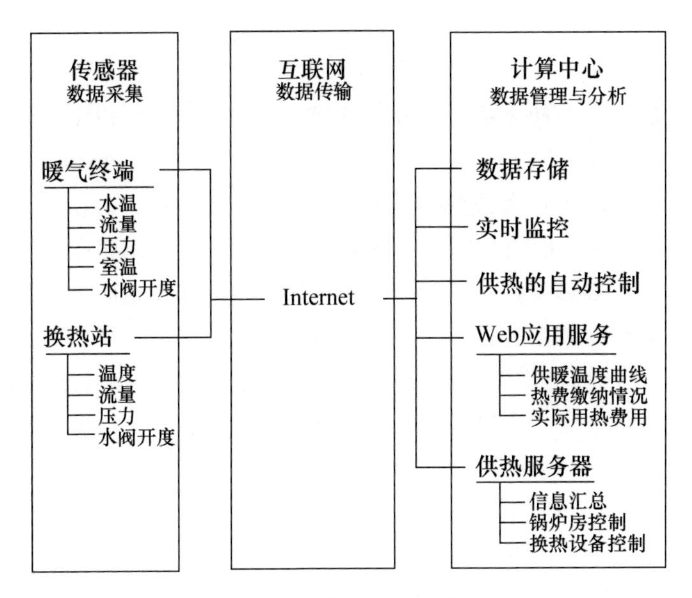

图 6-1 供热物联网示意图

卡信息，自动采集用户耗热量，并进行计量。利用无线传感网还可以进行供热监控，利用微型无线传感设备将温度、压力和流量等采集的数据上传至计算中心，实时获得热网运行曲线，为实现智能调网提供了重要的支持。

计算中心提供数据管理和分析服务，包含数据存储和实时监控以及对供热的自动监控。终端热用户按照各自需求，自主调节供热的温度，传感器自动采集数据，上传至计算中心，计算中心计算用热量并生成各个用户的用热费，进行费用缴纳通知与管理。计算中心还可以自动控制各终端热用户的供热质量，自动记录并可以根据用户需求动态绘制供暖温度曲线，授权各方查询处理。暖气终端位于热用户建筑中，可进行多种数据的采集，并发送至服务器，还可接收服务器的反馈进行自动控制，供热服务器进行传感器采集数据的管理与分析，发出各类供热设备的控制指令，并为供热双方提供互联网服务。

互联网数据通信分为有线与无线两大类，有线主要有宽带通信、光纤通信、工业现场总线等，无线主要有微波通信、无线蓝牙通信以及 Zigbee 通信等。

6.2.2 供热大数据分析

随着大数据时代的到来，供热分析也需要采用新的分析模式才能洞察、分析海量的供热数据，并且更好地进行流程优化，解决供热过程中面临的问题，以及为应对更复杂的供热情况提供决策支持。大数据为实现智能供热有重大意义，除了收集海量的供热信息外，如何对这些富含物理意义的供热数据进行分析和挖掘起着至关重要的作用。也就是说，供热大数据作为新的模式，要产出一定效益关键需要对数据进行再加工和处理，分析供热中的规律，对供热场景进行深度分析，再指导供热过程，使之更为高效，从而实现数据增值。以下将结合大数据的4V特点，即“Volume”（海量）、“Velocity”（高速）、“Variety”（多样）和“Value”（价值），对供热大数据的具体意义与实施场景进行分析。

首先，“Volume”指的是供热数据的容量。供热信息化存在于供热系统的方方面面，从热源到换热站到最终端的供热用户，均有实现实时的监控与计量。集中供热网络中采集的数据包含多个维度，有温度（室内外温度、一次网和二次网的供回水温度）、压力（供回水压力等）、热量（瞬时热量与累计热量），还有流量、阀门开度等。假定一个覆盖1000万平方米的供热公司，为十万用户进行供热服务，供热系统中的数据以20维计，每隔一个小时便会产生超过400万条的数量。此外，还有热网的拓扑结构和配置参数等数据，无论是从数据的维度还是数据的数量角度考虑，如此大规模的数据为存储和数据分析处理带来挑战。

其次，高速（“Velocity”）特点。包含大量物联网数据的实时采集，以及数据分析处理要完成相应的实时控制和实时决策。对热网各个参数（温度、压力、电热用量等）进行实时管控，避免水力工况运行失调的状况，保证热用户的供热质量。实时决策如进行能源考核综合分析、生产调度分析，那么解决供热供需不平衡问题，提供优质的供暖服务就变得容易了。

然后是数据多样化（“Variety”）特点。一个完整的智慧供热系统应包括从供应商到生产运营，再到热用户的各层级管理。除了供热物联网数据以外，企业的日常管理、运营维护，供应链上的商品交易，以及热用户自然信息与反馈信息等都会产生大量的历史数据。各类数据在供热企业运营各环节中体现不同的应用价值。

最后，供热大数据对于热网安全产生的价值（“Value”）体现在热网无人值守运营和远程监控两方面。无人热网可以使人工成本降低，同时可确保热网的安全运转；远程监测技术为热力公司工程师以及相关的监管工作者提供热网的实时运转状况，保障供热正常进行。此外，通过热网节能技术可以降低能耗，为供热公司创造更高价值。进一步对热网规律进行挖掘可以得出在不同时节以及外部温度多变的条件下，对于室内温度如何进行合理调控的各项参数，为热网工程师和供热锅炉房工人提供辅助决策支持。

6.2.3 系统架构说明

大数据分析决策系统采用B/S架构，在可用性、稳定性和兼容性方面都有着巨大的优势，易于部署安装，方便维护升级。系统的架构如图6-2所示，包括云存储、云服务和前端应用。云存储包含交易数据、物联网数据和企业 ERP 数据，系统采用公有云和私有云相结合的方案，根据企业实际需求，企业的 ERP 数据和物联网运行数据可以采用私有云形式进行存储和处理。前端应用为 B/S 用户和 APP 用户提供数据分析与可视化，并可以进行 PLC 控制。应用传统水力计算技术和反向水力计算智能优化，进行热力工况的数学建模与机器学习，实现分析与挖掘供热规律，为供热优化与决策提供服务。

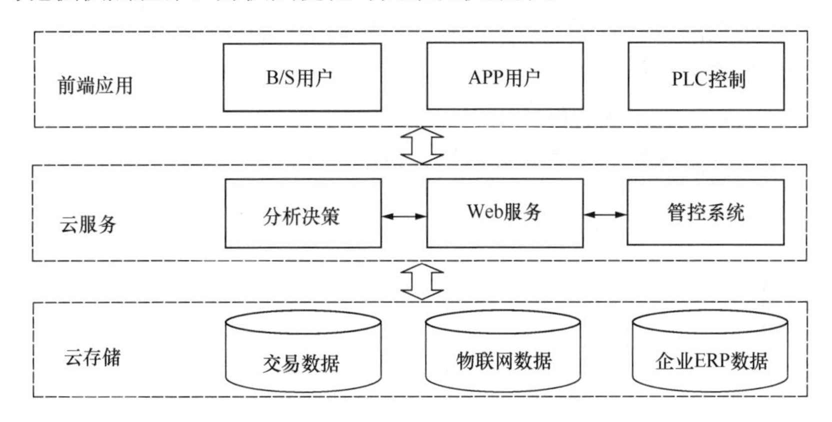

图 6-2 数据分析决策系统架构图

管控系统服务可以实现与供热物联网系统的实时对接，支持现场数据采集、分析及传输功能；支持根据参数设定对终端硬件设备 PID 的控制功能。互联网服务主要有三大功能：（1）实现行业交易数据和企业 ERP 数据的实时采集；（2）实现与分析决策服务和管控系统服务的实时对接；（3）实现对前端应用的互联网服务支持。

6.2.4 前端应用

供热数据分析系统前端应用支持供热管网、基础数据录入，拥有实时数据接口，能够实现数据上传、系统仿真，并且支持系统在线计算、分析以及决策。前端应用包括 B/S 模式下的互联网界面以及 PLC 控制器的嵌入式编程等。

系统仿真可以实现供热的精细化、个性化和人性化。通过精细的负荷预测，得出热用户在不同供热调节下的室温变化情况，系统仿真的目的是提供系统仿真平台，避免企业用户在实际工况下不当操作可能带来的损失。企业用户可在多个仿真调节方案中选择较优方案，提前决策，使得热用户室内温度得到更好的体验。同时，从各个指标进行供热方案分析与评价，为供热方案的优化提供辅助支持。为企业用户的仿真提供经济成本分析，输出热耗电耗信息，有助于节省成本。最终为供热自动决策确立基础模型。

在已知供热系统的水力、热力工况参数以及室外温度随时间变化曲线的前提下，系统仿真应用可以仿真控制量随时间变化的曲线（例如一网热负荷曲线，或一网供水温度，或二网供水温度、流量等），输出一次网、二次网供回水温度、流量、压力、供热范围、热用户室内温度变化曲线、热负荷变化曲线等内容。

热网水力计算分析应用包含以下五个方面：

（1）编制系统界面，实现热网拓扑图绘制功能。

（2）实现热网基础数据的录入，包括水物特性、设备参数等。

（3）实现热网设计工况的地图界面参数录入。

（4）完成多热源供热管网的水力计算。

（5）生成计算结果的各类图表显示，包括水压图、供热范围图、设计输出参数等。

系统首先从历史数据和实时数据训练热网的运行物理参数，在实际的供热管网中大部分都采用质调节模式，换热站一网流量保持基本稳定，供暖初期的优化目标即为确定一网最佳流量，使得热用户的供热温度保持在规定温度范围内。随着供热范围和面积的变化对热网流量进行进一步调节，首先输入供暖初期各时间点的温度，并设置一次网运行方式和二次网流量设置方式。紧接着确定热网运行的微分方程，考虑如下因素：水力平衡计算、板换传热方程、散热器传热方程、管网热损失方程、室内外传热方程。微分方程需用计算机数值方法求解。

在完成基础数据录入运行参数设定后，系统自动计算出不同时段的各换热站指标，包括管网流量、供回水温度以及供热能耗等，优化结果的数据以动态曲线的方式输出，并且可以进行室内温度模拟，指导用户调节运行参数，即使在极端寒冷的天气条件下也能够保证供热质量。

本系统不仅可应用于间歇供热，而且可应用于连续供热中。在间歇供热方案中，仿真给出供热时段的时间分配方案，模拟各个时段的供水温度以及二网流量。在连续供热中，系统仿真得到各时段的供水温度和二网流量，输入各个时间点的室外温度，系统将输出热用户的室内温度、负荷曲线；也将输出各时段的管网储能情况。

根据系统生成的各项动态曲线，如二次网热水温度与能耗的变化曲线等，热网运行人员与工程师可以以此为依据合理地制订热网运行与调节方案。

6.3 本章小结

本章主要介绍了供热物联网数据分析系统的设计与实现。首先，对供热物联网技术和供热大数据分析进行了简要的介绍；然后，提出了本文供热数据分析系统的具体架构、提供的数据存储与分析服务，实现了基于互联网的 B/S 前端应用；最后，对各项应用数据、方案等进行了具体的说明和展示。

参考文献

[1] 吴利乐，郑源，王爱华，等. 可再生能源综合利用的研究现状与展望[J]. 华北水利水电大学学报(自然科学版)，2015，36(3)：82-85.

[2] 清华大学节能研究中心. 中国建筑节能年度发展研究报告 2017[M]. 北京：中国建筑工业出版社，2017.

[3] 陈镇凯，胡文举，江辉民，等. 制约空气源热泵推广应用的技术因素的研究现状[J]. 制冷与空调，2012(01)：12-18.

[4] 田琦. 太阳能喷射式制冷[M]. 北京：科学出版社，2007.

[5] 董旭. 太阳能/空气能蒸发集热器一体化热泵冷剂直热供暖装置性能及效益的研究[D]. 太原：太原理工大学，2017.

[6] 黎珍，田琦，董旭. 太原地区太阳能耦合空气源热泵一体化热水系统性能分析[J]. 华侨大学学报(自然版)，2017，38(5)：670-675.

[7] 胡洪. 主动式冷梁与新风冷却除湿空调系统工况适用性分析[J]. 暖通空调，2016，46(1)：24-28.

[8] 李沛珂，刘东，王如竹，等. 小温差风机盘管在空气源热泵系统中的应用[J]. 制冷技术，2017，37(3)：43-48.

[9] 禹志强，刘敬坤，李丛来，等. 两种低环境温度空气源热泵机组的对比试验研究[J]. 制冷与空调，2020，20(10)：78-82.

[10] 胡洪，黄虎，张忠斌，等. 准二级压缩空气源热泵系统的变工况试验研究[J]. 低温与超导，2010，38(1)：44-48.

[11] 杨景洋，梁思源，彭泽焓，等. 严寒地区空气源热泵供暖运行性能研究[J]. 制冷与空调，2020，20(10)：73-77.

[12] 余凯，薛寒东，傅英胜，等. 夏热冬冷地区空气源热泵关键技术研究和应用[J]. 制冷与空调，2020，20(5)：1-5.

[13] 余丽霞，付祥钊，肖益民. 空气源热泵在长江流域的气候适宜性研究[J]. 暖通空调，2011，41(6)：96-99.

[14] 胡洪. 空气源热泵能效提升设计研究[J]. 制冷与空调，2021，21(10)：95-100.

[15] 虞良伟. 空气源热泵原理及应用[J]. 价值工程，2018，32：153-155.

[16] 勒海芹，王筠. 热机及其效率研究[J]. 湖北第二师范学院学报，2009，26(8)：11-13.

[17] 刘国双. 空气源热泵 COP 值与节能应用探讨[J]. 山西建筑，2008，35(22)：193-194.

[18] 郁永章. 热泵原理与应用[M]. 北京：机械工业出版社，1993.

[19] 李元旦，张旭. 土壤源热泵的国内外研究和应用现状及展望[J]. 制冷空调与电力机

械，2002，23(1)：4-7.

［20］ 马雪纯. 中原地区城镇化中的建筑能耗问题及应对方案研究[D]. 郑州：郑州大学，2014.

［21］ 曹伟娜. 电力行业实施循环经济研究[D]. 大连：大连理工大学，2008.

［22］ 郭继平. 利用电厂余热的水环热泵系统设计与研究[D]. 大连：大连理工大学，2003.

［23］ 王长河，陈光，王宝玉. 基于吸收式热泵的大型火电厂冷凝废热回收技术研究[J]. 制冷空调与电力机械，2011，04：90-92+64.

［24］ 汪滔. 吸收式热泵用于大连华能电厂的供暖改造研究[D]. 哈尔滨：哈尔滨工业大学，2010.

［25］ 张琰. 应用吸收式热泵提高热电厂经济效能研究[D]. 北京：华北电力大学，2013.

［26］ 云舟，王斑. 碳纤维导电纸的研究现状及其应用[J]. 化工新型材料，2014(4)：192-194.

［27］ KIM J K，PARK C S，LEE D W，et al. Measurement of the gauge factor of carbon fiber and its application to sensors [J]. Microelectronic Engineering，2008，85(5-6)：787-791.

［28］ HO S Y，HAYES R E，WOOD R K. Simulation of the dynamic behavior of a hydronic floor heating system[J]. Heat Recovery Systems and CHP，1955，15(6)：505-519.

［29］ WEITZMANN P，KRAGH J，ROOTS P，et al. Modelling floor heating systems using validated two-dimensinal ground-coupled numerical model[J]. Building and Environment，2005，40(2)：153-163.

［30］ 曹伟伟. 碳纤维电热元件红外福射特性研究[J]. 工业加热，2007.（1）：41-43.

［31］ 高炎鑫. 基于碳纤维带电热技术的地暖性能测试及有限元分析[D]. 长沙：湖南大学，2016.

［32］ 郑钰. 新型碳纤维发热软板蓄热特性试验与模拟研究[D]. 沈阳：沈阳农业大学，2016.

［33］ 张在旭. 中国能源消费、经济增长和碳排放的互动关系研究[J]. 中外能源，2015，20(12)：14-18.

［34］ 杨俊兰，苗国伟，姚钼超. 保温材料对建筑能耗及回收期的影响分析[J]. 建筑科学，2014，30(6)：87-91.

［35］ 丁雪佳，薛海蛟，李洪波，等. 硬质聚氨酯泡沫塑料研究进展[J]. 化工进展，2009，28(2)：278-282.

［36］ 王洲，吴佳霖，郭燕. 屋顶铝箔防水卷材保温性能研究[J]. 山西建筑，2010(5)：188-190.

［37］ 苏高辉，杨自春，孙丰瑞. 铝箔对绝热层绝热性能影响的实验研究[J]. 武汉理工大学学报，2012，34(9)：18-20.

［38］ 王武祥. 发泡混凝土密实砌块的抗压强度研究[J]. 混凝土与水泥制品，2013，40(3)：48-53.

[39] 陈晨，庄文新．智慧供热信息管理系统的研究与实现[J]．科技资讯，2017，15(28)：9-10．

[40] 李文博．泡沫混凝土发泡剂性能及其泡沫稳定改性研究[D]．大连：大连理工大学，2009．

[41] 闫振甲．泡沫混凝土的发展状况与发展趋势[J]．墙材革新与建筑节能，2011，16(6)：19-23．

[42] 管胜男，陈照峰，马昊，等．铝箔气泡复合材料的制备及隔热性能研究[J]．南京航空航天大学学报，2018，50(1)：53-60．

[43] 闫艳，隋学敏．热流密度测量技术现状和发展概述[J]．节能，2016(1)：4-9．

[44] 胡向楠．保温型装饰墙面在间断供暖房间中的节能研究[D]．石家庄：石家庄铁道大学，2017．

[45] 李超，肖劲松，张敏，等．热流计测量精度影响因素的数值分析[J]．节能，2005，(2)：3-7．

[46] 季学军．碳纤维电采暖在节能建筑领域推广的可行性[J]．节能环保，2016，43(1)：153-154．

[47] 孙晓磊．碳纤维增强 5052 铝合金复合板的制备及性能研究[D]．太原：太原理工大学，2014．

[48] 李辉．一体化节能保温材料的性能研究与设计[D]．南京：东南大学，2018．

[49] 赵登科．碳纤维电热地暖板热工性能研究[D]．哈尔滨：哈尔滨工业大学，2008．

[50] 杨小平，荣浩鸣，沈曾民．碳纤维面状发热材料的性能研究[J]．高科技纤维与应用，2000(3)：39-48．

[51] 贺福．碳纤维的电热性能及其应用[J]．化工新型材料，2005，33(6)：7-9．

[52] 彭月明，范文辉．碳纤维供热系统应用于居住建筑的试验研究[J]．建筑节能，2014，42(11)：13-15．

[53] 袁全平．木质电热复合材料的电热响应机理及性能研究[D]．北京：中国林业科学研究院，2015．

[54] 贺福．碳纤维及其应用技术[M]．北京：化学工业出版社，2004．

[55] 张剑，吴亮，袁新润．天津地区分散电采暖配电容量和运行经济性浅析[J]．资源节约与环保，2015，36(10)：3-4．

[56] 何希庆，王周选，李晓江，等．电采暖水源热泵等采暖系统的运行效果分析[J]．电力需求侧管理，2012，03(18)：28-32．

[57] SELVAIS. Warming customer shearts and soles with electric floor heating[J]. National Floor Trends，2004，6(12)：52-54.

[58] GOLEBIOWSKI J，KWIECKOWSKI S. Dynamics of three-dimensional temperature field in electrical system of floor heating[J]. International Journal of Heatand Mass Transfer，2002，45(12)：2611-2622.

[59] OLESEN B W. Radiant floor heating in the oryand practice [J]. ASHRAE Journal，

2002，44(7)：19-26.

[60] SUN M Q，MU X Y，WANG X Y，etal. Experimental studies on the indoor electrical floor heating system with carbon black mortarslabs[J]. Energy and Buildings，2008，40(6)：1094-1100.

[61] SHACKLETON R J，PROBERT S D，MEAD A K，etal. Future prospects for the electric heat-pump[J]. Applied Energy，1994，49(3)：223-254.

[62] JIN X，ZHANG X S，LUO Y J. Acalculation method for the floor surface temperature in radiant floor system[J]. Energy and Buildings，2010，42(10)：1753-1758.

[63] CLAES B Q. Conversion of electric heating in buildings：an unconventional alternative [J]. Energy and Buildings，2008，40(12)：2188-2195.

[64] QI H B，HE F Y，WAN Q S，etal. Simulation analysis of heat transfer on low temperature hot-water radiant floor heating and electrical radiant floor heating[J]. Applied Mechanics and Materials，2012，204(21)：4234-4238.

[65] SEO JK，JEON JS，LEE JH，etal. Thermal performance analysis according to wood flooring structure for energy conservation in radiant floor heating systems[J]. Energy and Buildings，2011，43(8)：2039-2042.

[66] 朱四荣，李卓球，宋显辉，等. PAN基碳纤维毡的热工性能[J]. 武汉理工大学学报，2004，24(9)：13-16.

[67] 杨小平，荣浩鸣，陆泽栋. 碳纤维导电复合材料的电学性能研究[J]. 材料工程，2000，45(9)：11-14.

[68] 中华人民共和国住房和城乡建设部. 低温辐射电热膜：JG/T 286—2010[S]. 北京：中国标准出版社，2011：1-16.

[69] 付玉. 碳晶电热板用于室内局部辐射采暖的研究[D]. 哈尔滨：哈尔滨工业大学，2011.

[70] 谭羽非，国丽荣，陈家新，等. 碳晶电热板采暖系统测试模拟及温控调节[J]. 哈尔滨工业大学学报，2012，44(6)：70-73.

[71] 张卫明，肖正春，顾龚平. 新疆罗布麻生态类型及其纤维品质研究[J]. 中国野生植物资源，2006，25(4)：33-37.

[72] 罗运俊，何梓年，王常贵. 太阳能利用技术[M]. 北京：化学工业出版社，2011.

[73] 朱彦鹏，等. 建筑与太阳能一体化技术与应用[M]. 北京：科学出版社，2016.

[74] 刘寅，周光辉，李安桂. 太阳能辅助空气源热泵空调低温特性研究[J]. 制冷技术，2009，37(10)：73-75.

[75] 卢春萍，师涌江，田海川. 太阳能-空气源热泵并联供热系统模拟研究[J]. 流体机械，2008，36(7)：76-81.

[76] 郑瑞澄，路宾，李忠，等. 太阳能供热采暖工程应用技术手册[M]. 北京：中国建筑工业出版社，2012.

[77] 蒋能照，姚国琦，周启谨，等. 空调用热泵技术及应用[M]. 北京：机械工业出版

社，1997.

[78] 何建清. 大规模集中式太阳能供热技术在小城镇住区中的应用前景[J]. 小城镇建设，2004(7)：81-83.

[79] 史葱葱. 太阳能集中供热系统在欧洲城市住宅小区的应用[J]. 太阳能，2003(4)：18-20.

[80] 黄俊鹏，徐尤锦. 欧洲太阳能供热的发展现状与趋势[J]. 建设科技，2016(23)：63-69.

[81] 孟繁晋. 寒冷地区居住建筑太阳能低温地板辐射采暖系统的实验研究[D]. 济南：山东建筑大学，2009.

[82] LEVINE M D，PRICE L，ZHOU N，etal. Assessment of China's energy-saving and emission-reduction accomplishment sand opportunities during the 11th Five Year Plan[J]. Energy Policy，2011，39(4)：2165-2178.

[83] ZHOU N，LEVINE M D，PRICE L. Over viewof current energy-efficiency policies in China[J]. Energy Policy，2011，38(11)：6439-6452.

[84] ZHAO X，LI H，WU L，etal. Implementation of energy-saving policies in China：How local governments assisted industrial enterprises in achieving energy-saving targets [J]. Energy Policy，2014，66(66)：170-184.

[85] 傅春荣. 中丹太阳能光热巨头跨国"联姻"[J]. 中华工商时报，2016：002.

[86] 郑瑞澄. 国家标准《太阳能供热供暖工程技术规范》解读[J]. 建设科技，2013(1)：22-25.

[87] FURBO S，FAN J，PERERS B，etal. Testing，Development and Demonstration of Large Scale Solar District Heating Systems[J]. EnergyProcedia，2015，70：568-573.

[88] 张子瑞. 跨季节蓄热成太阳能光热应用[J]. 中国能源报，2016：018.

[89] 孙建梅. 送风方式对某办公建筑室内舒适度的影响[J]. 土木与工程学报，2015(04)：15-19.

[90] 付祥钊，高志明，康侍民. 长江流域住宅冬季热环境质量[J]. 住宅科技，1993(3).

[91] 付祥钊，樊燕. 夏热冬冷地区供暖探讨[J]. 暖通空调，2013，43(6).

[92] 张宝刚，袁鹏丽，刘鸣，等. 燃池供暖建筑的室内热环境分析[J]. 哈尔滨工程大学学报，2015(11)：1471-1475.

[93] 蒋志明，张明媛，袁永博. 兼顾节能效益的建筑室内热舒适温度调整研究[J]. 建筑经济，2016(03)：84-88.

[94] 王军亮，王清勤，等. 基于室内热舒适能效的既有办公建筑绿色改造策略分析[J]. 暖通空调，2015(11)：22-28.

[95] 黄寿元，赵伏军，李刚. 基于 Airpak 的夏季空调室内热环境数值模拟研究[J]. 湖南科技大学学报(自然科学版)，2011(02)：11-17.

[96] 刘彩霞，邹声华，杨如辉. 基于 Airpak 的室内空气品质分析[J]. 制冷与空调，2012(4)：381-384.

[97] 卜亚明. 太阳能采暖系统在小城镇住宅建筑中应用技术的研究[D]. 上海：同济大学，2006.

[98] 王建华. 采暖居住建筑耗热量指标的计算方法的研究[D]. 西安：西安建筑科技大学，2005.

[99] 王起，陈红兵，吴玮，等. 物联网在集中供热系统中的应用[J]. 区域供热，2014(1)：21-26.

[100] 季少雄. 供热物联网数据分析系统研究与应用[D]. 大连：大连理工大学，2016.

[101] 牛元磊，王婷婷. 分户采暖热计量方法与现状[J]. 建筑工程技术与设计，2018(36)：4162.

[102] 宋明启，王志国，张欣. 集中供热分户热计量技术综述[J]. 低温建筑技术，2014，36(9)：19-22.

[103] 徐金凤. 基于物联网技术的集中供热节能网络系统设计与研究[D]. 天津：天津理工大学，2013.

[104] 石兆玉. 供热系统多热源联网运行的再认识[J]. 中国建设信息：供热制冷，2006(2)：52-58.

[105] 刘卫东，王魁荣，王魁吉. 多热源联合供热综述[J]. 区域供热，2012(1)：14-24，52.

[106] 张钧. 浅析智慧热网建设原则和安全防护体系[J]. 电子世界，2016(16)：155.

[107] 高翔. 计量供热系统的综合性能评价[D]. 重庆：重庆大学，2005.

[108] 赵爱国，邓树超，王淑莲，等. 智慧供热技术策略研究及应用[J]. 建设科技，2016(12)：84-85.

[109] 费文. 智慧供热节能先行[J]. 供热制冷，2014(11)：24.

[110] 张伟，刘家明. 智慧供热系统技术及应用[J]. 节能与环保，2016 (4)：56-57.

[111] 田雨辰. 计量供热相关问题的研究[D]. 天津：天津大学，2007.